科学。奥妙无穷 ▶

咖啡物语
kafeiwuyu

刘晓玲 编著

北方妇女儿童出版社

目录

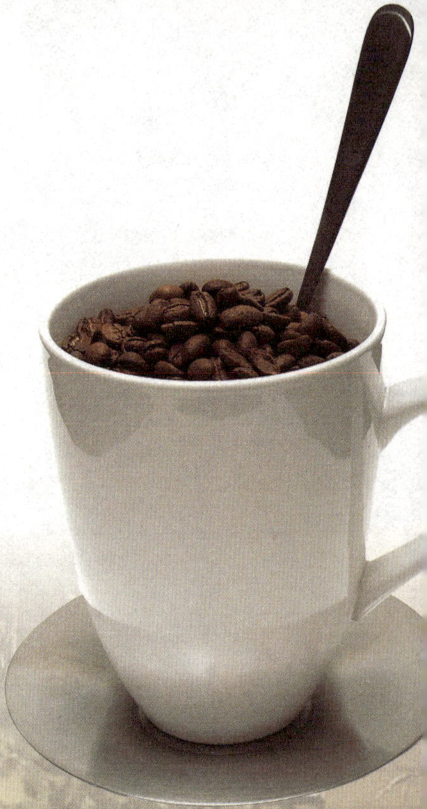

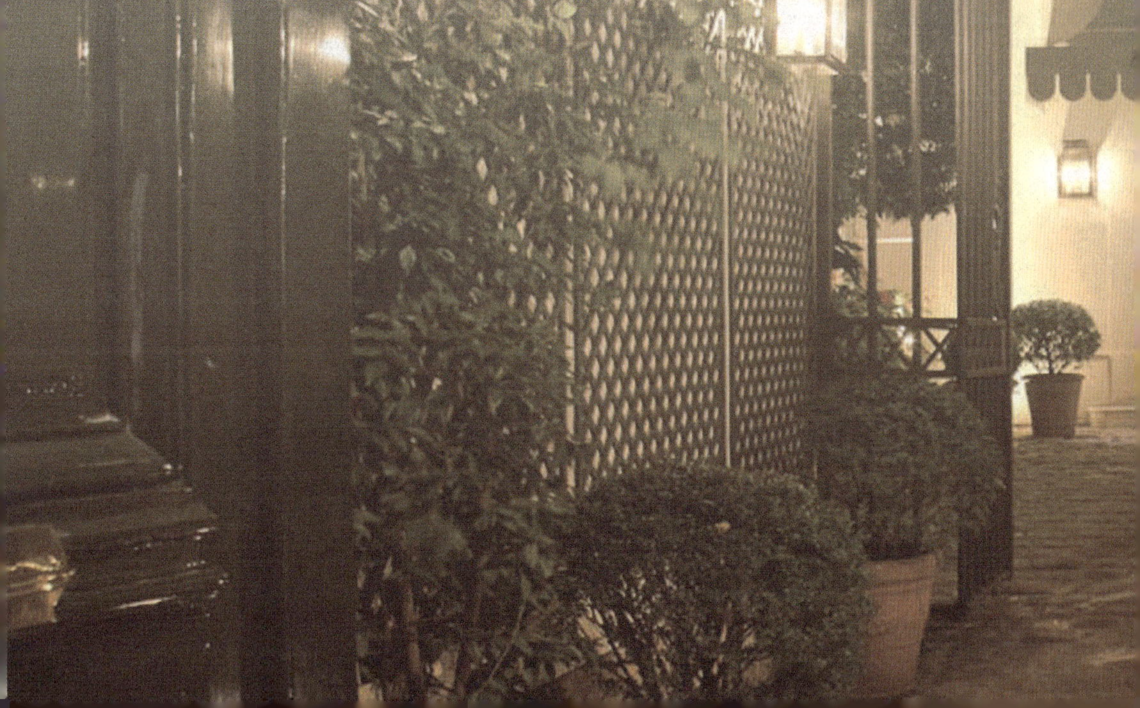

目

录

清晨起床后喝一杯咖啡醒脑，白天工作时喝一口提神，更有闲暇里饮一杯咖啡、吃几块蛋糕，和朋友聊天小聚。咖啡丰富着我们的生活，也缩短了你我之间的距离。美餐之后，冲上一杯咖啡，读一份报纸，或是和朋友及家人在一起共享温馨舒适、乐趣无穷的咖啡时光，是一种幸福。咖啡，可以陪伴自己度过许多惬意的时光。而这所有的一切均源自于咖啡物语。

传统的咖啡讲究的是咖啡的种类、调配方法，如今在这个速度和效率至上的时代，人们创造出了许多新的口味，新的喝法。如麦斯威尔咖啡就创造出了咖啡奶茶、巧克力咖啡、奶特咖啡、香草咖啡等新口味。在这个"速溶"的时代，咖啡带给我们的，不仅仅是香浓的口味，我们要的是一种感觉，我们会疯狂地沉浸在那种感觉中。也许那只是街角的一个不起眼的门脸，也许它的咖啡并不是那么好喝，但是我们迷恋那儿的空气、光线、声音，忘记时间地沉浸在那里，在一群跟自己一样的人当中，也许继续一个人，但大家都心照不宣。男的、女的、开朗的、忧郁的、一群来的、孤自独坐的、抽烟的、喝浓咖啡的，或者根本不喝咖啡的。我们凭感觉找到彼此，凭盯着屋角或咖啡杯的眼神找到彼此，就算你望着窗外，却未必在看什么……我看着你，我知道，我和你不一样，和所有的人不一样，现实主义者会来咖啡馆，但不会属于这里，更不会一直坐到打烊，自己把椅子放到桌子上才走。咖啡馆跟"现在"这个词无缘，于是异想天开的人就全都到了这里。

● 流动的咖啡历史

　　"咖啡"（Coffee）一词源自埃塞俄比亚的一个名叫卡法（kaffa）的小镇，在希腊语中"Kaweh"的意思是"力量与热情"。茶叶与咖啡、可可并称为世界三大饮料。咖啡树是属茜草科常绿小乔木，日常饮用的咖啡是用咖啡豆配合各种不同的烹煮器具制作出来的，而咖啡豆就是指咖啡树果实内之果仁，再用适当的烘焙方法烘焙而成。

那一粒咖啡种子 〉

世界上第一株咖啡树是在非洲之角发现的。当地土著部落经常把咖啡的果实磨碎，再把它与动物脂肪掺在一起揉捏，做成许多球状的丸子。这些土著部落的人将这些咖啡丸子当成珍贵的食物，专供那些即将出征的战士享用。当时，人们不了解咖啡食用者表现出亢奋是怎么一回事——他们不知道这是由咖啡的刺激性引起的，相反，人们把这当成是咖啡食用者所表现出来的宗教狂热。觉得这种饮料非常神秘，它成了牧师和医生的专用品。对于咖啡的起源有种种不同的传说故事。

最普遍且为大众所乐道的是牧羊人的故事，传说有一位牧羊人，在牧羊的时候偶然发现他的羊蹦蹦跳跳，仔细一看，原来羊是吃了一种红色的果子才导致举止滑稽怪异。他试着采了一些这种红果子回去熬煮，没想到满室芳香，熬成的汁液喝下以后更是精神振奋，神清气爽，从此，这种果实就被作为一种提神醒脑的饮料，且颇受好评。

咖啡物语

古时候的阿拉伯人最早把咖啡豆晒干熬煮后，把汁液当作胃药来喝，认为有助于消化。后来发现咖啡还有提神醒脑的作用，同时由于伊斯兰教教规严禁教徒饮酒，于是就用咖啡取代酒精饮料，作为提神的饮料而时常饮用。15世纪以后，到圣地麦加朝圣的穆斯林陆续将咖啡带回居住地，使咖啡渐渐流传到埃及、叙利亚、伊朗和土耳其等国。咖啡进入欧洲当归因于土耳其当时的奥斯曼帝国，由于嗜饮咖啡的鄂图曼大军西征欧洲且在当地驻扎数年之久，在大军最后撤离时，留下了包括咖啡豆在内的大批补给品，维也纳和巴黎的人们得以凭着这些咖啡豆，和从土耳其人那里得到的烹制经验，而发展出欧洲的咖啡文化。战争原是攻占和毁灭，却意外地带来了文化的融合，这可是统治者们所始料未及的了。

西方人熟知咖啡有300年的历史，然而在希腊以及阿拉伯地区，咖啡在更久以前的年代已作为一种饮料在社会各阶层普及。咖啡出现的最早且最确切的时间是公元前8世纪，但是早在荷马的作品（希腊诗人）和许多古老的阿拉伯传奇里，就已记述了一种神奇的、色黑、味苦涩，且具有强烈刺激力量的饮料。公元

10世纪前后，阿维森纳（Avicenna, 980–1037，古代伊斯兰世界最杰出的集大成者之一，是哲学家，医生，理论家）则用咖啡当作药物治疗疾病。

虽然咖啡是在中东发现的，但是咖啡树最早源于非洲一个现属埃塞俄比亚南部的咖法省，英文叫Kaffa，从这里咖啡传向也门、阿拉伯半岛和埃及。正是在埃及，咖啡的发展异常迅猛，并很快流行进入人们的日常生活。

到16世纪时，早期的商人已在欧洲贩卖咖啡，由此将咖啡作为一种新型饮料引进西方的风俗和生活当中。绝大部分出口到欧洲市场的咖啡来自亚历山大港和士麦那（土耳其西部港市），但是随着市场需求的日益增长，进出口港口强加的高额关税，以及人们对咖啡树种植领域知识的增强，使得经销商和科学家开始试验把咖啡移植到其他国家。荷兰人在他们的海外殖民地（巴达维亚和爪哇），法国人1723年在马提尼克岛（位于拉丁美洲），以及随后又在安地列斯群岛（位于西印度群岛）都移植了咖啡树；后来英国人、西班牙人和葡萄牙人开始侵占亚洲和美洲热带咖啡种植区。

1727年巴西北部开始了咖啡种植，

然而糟糕的气候条件使得这种作物种植逐渐转移到了其他区域，最初是里约热内卢，最后到了圣保罗和米纳斯洲（大约1800–1850），在这里咖啡找到了它最理想的生长环境。咖啡种植在这里发展壮大，直到成为巴西最重要的经济来源。正是在1740–1850年期间，咖啡种植在中南美洲达到了它的普及之最。

虽然咖啡诞生于非洲，但是种植和家庭消费相对来说是近代才引进的。实际上，正是欧洲人让咖啡重返故地，将其引进他们的殖民地，在那里，由于有利的土地和气候条件，咖啡才得以兴旺繁荣。

19世纪开始，咖啡由传教士传入中国。1884年，首先出现在日据时代台湾云林古坑一代。19世纪末期，由法国传教士带入中国云南。20世纪初，中国华侨将咖啡引入海南兴隆，因而传承了咖啡的历史，海南兴隆咖啡，自上世纪60年代开始，就备受多位国家领导人的关注，周恩来同志视察兴隆时，说："喝了那么多咖啡，还是兴隆咖啡最好喝。"直至今日，兴隆一代仍流行着畅饮咖啡，怡然自得的老传统，2006年，兴隆咖啡被评为国家地理标志性产品。

咖啡的"曲折之路"

　　新鲜事物的被完全接受总是要经历一些磨难，咖啡馆也是如此。历史上，咖啡馆和喝咖啡的生活习惯数次被禁。比较著名的有如下三次：

　　1. 最先下令禁止咖啡的是麦加总督，他发现攻击他的诗文居然是从咖啡馆流出的，于是1511年麦加的所有咖啡馆关门，甚至将违禁者缝在皮袋子里扔进博斯普鲁斯海峡；

　　2. 英国国王查理二世也于1675年颁布了咖啡馆禁止令，起源有二，一是当时不准进入咖啡馆的女人发表了陈情书，抱怨英国男人威仪尽丧；二是，咖啡馆成了民众批评时政的地方。3.1781年，普鲁士国王菲特列大帝禁止人民私自进口咖啡、杜绝民间烘焙咖啡，呼吁大家不要忘记自己的"国饮"——啤酒。

　　当然后来这些禁止令都是不了了之。从这里倒是可以证明，运用暴力对民众的口味、服饰、化妆进行强制或者禁止，似乎是不大明智的做法。

咖啡物语

白花红果的咖啡树 ＞

咖啡为茜草科多年生常绿灌木或小乔木，是一种园艺性多年生的经济作物，具有速生、高产、价值高、销路广的特点。野生的咖啡树可以长到5至10米高，但庄园里种植的咖啡树，为了增加结果量和便于采收，多被剪到2米以下的高度。咖啡树对生的叶片呈长椭圆形，叶面光滑，末端的树枝很长，分枝少，而花是白色的，开在叶柄连结树枝的基部。

咖啡树属茜草科的常绿乔木，茜草科植物自古以来便以含特殊药效的植物居多被视为疟疾特效药的奎宁树，及治疗阿米巴痢疾的杜根便是。而咖啡定位为最独特的生物碱饮用植物群。

一般在播种2到3年，咖啡树可长至树高5到10米左右，但为防咖啡豆失去香气、味道变差以及采收方便，农民多会将其修到1.5到2米左右。播种后3到5年开始结果。第5年以后的20年内均为采收期。

咖啡树常绿的叶片，叶端较尖，而且是两片相对呈组。叶片表面呈现深绿色，

背面呈浅绿色，开的花则成纯白色，花内有雄蕊5根，雌蕊1根，花瓣一般是5瓣，但有的则为6瓣，甚至8瓣，开的花会发出茉莉般的香味，但快的三四天便会凋谢。果实刚开始和叶片表面相同的深绿色，待越来越成熟后，便会变成黄色，再变成红色，最后转为深红色。

• 种植历史

　　实际上，公元前 525 年，阿拉伯人就开始种植咖啡了，阿拉伯地区也随之开始盛行咀嚼炒的咖啡豆子。公元 890 年，阿拉伯商人把咖啡豆子销售到也门，也门人第一次把咖啡豆制成饮料。15 世纪，咖啡传入欧洲、亚洲，又很快入美洲。到 18 世纪，全球热带和亚热带地区广泛种植咖啡，并成为世界三大饮料之一。咖啡每年销售量跃居三大饮料之首，是可可的 3 倍、茶叶的 4 倍。虽然世界上栽培咖啡的历史已有 2000 多年，但中国栽培咖啡只有几百年的经历，1884 年，台湾省开始引种咖啡。20 世纪初，华侨从马来西亚带回咖啡在海南省种植。后来，南方热带和亚热带的各省区才陆续开始种植物咖啡。虽然栽培的时间较短，但我国海南省和云南省的咖啡具有超群的品质，独特的魅力，在国际上享有盛誉，一些外国商人低价买去后，经加工再销往国际市场，就成了价值昂贵的世界一流饮料，尤为突出的是云南省种植的小粒咖啡，因云南昼夜温差大，利于其内含物质的积累，所以品尝起来给人感觉浓而不苦，香而不烈，含油多，带果味，从而被国内外咖啡商人称赞为"国际上质量最好的咖啡"。

咖啡物语

• 种植要求

咖啡树的原产地在非洲的埃塞俄比亚。咖啡树在植物学上，属于茜草科咖啡亚属的常绿树，而一般所俗称的咖啡豆，其实是咖啡树所结果实的种子，只因为形状像豆子，所以称为咖啡豆。气候是咖啡种植的决定性因素，咖啡树只适合生长在热带或亚热带，所以南北纬 25 度之间的地带，一般称为咖啡带或咖啡区。不过，并非所有位于此区内的土地，都能培育出优良的咖啡树。

• 种植条件

咖啡树最理想的种植条件为：温度介于 15~25℃之间的温度气候，而且整年的降雨量必须达 1500~2000 毫米，同时其降雨时间要能配合咖啡树的开花周期。当然除了季节的雨量的配合外，还要有肥沃的土壤，要排水良好。含火山灰质的肥沃土壤，另外，日光虽然是咖啡成长及结果所不可欠缺的要素，但过于强烈的阳光会抑制咖啡树的成长，故各个产地通常会配合种植一些遮阳树。咖啡树生长最理想的海拔高度为 500~2000 米。

• 种植区域

要了解生产咖啡的国家，最理智实用之法，是将它们分类为世界三大主要咖啡栽培生长地区：非洲、印度尼西亚及中南美洲。一般来说，邻近生长的咖啡都有相似的特色。如果一个特定的豆子缺货，制造综合品的厂商买家，一般就会找附近的国家。做综合品的会说：我想用一个"中"的。这表示要清淡可口、充满活力的中美洲豆子。又或许加个"非洲"更有滋味。非洲是长满野味豆子的土地；又譬如用"印度尼西亚"作为基础。因为没有其他豆子有如此富威力、饱满的口感。

豆子依生长地区的不同而有味道差异。影响味道的因素是咖啡树的品种类别、生长的土壤性质、栽培园的气候及海拔、采摘成果的谨慎以及豆子处理的过程等。这些要素依地区而异，而烘焙商及综合厂商寻找各区域的特性，使综合品有其独特的典型风味。你可以尝试追求自己梦想的咖啡。

由此可知，栽培高品质咖啡的条件相当严格，阳光、雨量、土壤、气温以及咖啡豆采收的方式和制作过程都会影响到咖啡本身的品质。

• 咖啡树种

世界的咖啡树分为两种，阿拉比卡种 (Arabica) 和罗布斯塔种 (Robusta)。

• 阿拉比卡

1. 风味特色。阿拉比卡咖啡拥有多变而宽广的潜在风味。不同地区、不同海拔高度、不同气候产地生产的阿拉比卡咖啡通常具有各自的特色，未经烘焙时闻起来是如同青草般的清香气味，经过适当的烘焙后，展现出果香 (中浅焙) 与焦糖甜香 (深烘焙)。2. 市价与用途：上等的阿拉比卡咖啡需要繁复的手工摘采，挑选与细致的处理过程，因此全世界最昂贵、最优秀的咖啡豆为阿拉比卡种咖啡。占世界产量的四分之三，品格良好，因为咖啡树自己对热度及干度很是敏感，故其发展前提——最少高于海平面 900 米的高地天气，下度愈高，咖啡豆烘培出来的品质愈好。此种类咖啡果露量较低 (1.1%~1.7%)。咖啡豆的色彩呈绿到浓绿，形状椭圆，沟纹曲折。

• 罗布斯塔

1. 风味特色：罗布斯塔咖啡俗称粗壮豆，通常风味较为平凡、呆板，不同地区与不同气候产生的风味差异并不太大，未经烘焙时闻起来如同生花生般的气味，烘焙后的味道通常介于麦仔茶味 (中浅烘焙)

与橡胶轮胎味（深烘焙），难以展现细致的风味。2.市价与用途：罗布斯塔咖啡因为成本低廉，通常用于制速溶咖啡以及罐装咖啡等。少数质量较佳的罗布斯塔咖啡也被使用在混合调配（与阿拉比卡咖啡混合）出意式浓缩咖啡。此外，罗布斯塔咖啡的咖啡因含量约为阿拉比卡咖啡的两倍，这也是饮用罐装咖啡比较容易产生心悸与失眠的原因。罗布斯塔咖啡豆的产量约占世界咖啡豆总产量的 20% 至 30%，对热带气候有极强抵抗力，主要种在距海平面高度 200 至 300 米处。特有的抵抗力亦使得其浓度较高，口味较苦涩。其咖啡因含量较高（2%~4%）。咖啡豆的外形较圆，色彩为褐色，曲沟纹。

阿拉比卡也被称为高海拔咖啡或小果咖啡，它生长在高海拔区域（1500 米以上）是最传统的阿拉伯咖啡品种。本产于东非，在公元 15 世纪之前，咖啡贸易被阿拉伯世界把持，因此被欧洲人称为"阿拉伯咖啡"。阿拉比卡咖啡豆约占全世界咖啡豆产量的 75%，各个地区都有栽种。这类咖啡不耐病虫害，生长条件相对严酷，然而味道和咖啡因含量都比罗布斯塔咖啡好，价钱也比罗布斯塔高。世界闻名的咖啡品牌都选购阿拉比卡豆。

本来的咖啡树种只有阿拉比卡一种，在 19 世纪末，发生了一次大面积的病虫害，咖啡栽培者下手寻觅除此之外耐病虫害的咖啡品种，因而罗布斯塔种被发明并开始野生种植。罗布斯塔种发展正在低海拔地域，特性是耐病虫害、耐冷、耐涝。

成双成对的咖啡豆 >

咖啡的果实是由外皮、果肉、内果皮、银皮,和被上述几层包在最里面的种子(咖啡豆)所形成,种子位于果实中心部分,种子以外的部分几乎没有什么利用价值。一般果实内有双成对的种子,但偶尔有果实内只有一个种子的,称之为果豆。而为表示对称,我们便称果实有双成对种子者为女豆。

成熟的咖啡浆果外形像樱桃,呈鲜红色,果肉甜甜的,内含一对种子,也就是咖啡豆。咖啡品种有小粒种、中粒种和大粒种之分,前者含咖啡因成分低,香味浓,后两者咖啡因含量高,但香味差一些。目前世界销售的咖啡一般是由小粒种和中粒种按不同的比例配制而成,通常是七成中粒种,主要取其咖啡因;三成小粒种,主要取其香味。每个咖啡品种一般都有几个到十几个变异种。咖啡比较耐阴耐寒,但不耐光、不耐旱、不耐病。咖啡含有咖啡碱、蛋白质、粗脂肪、粗纤维和蔗糖等9种营养成分,作为饮料,它不仅醇香可口,略苦回甜,而且有兴奋神经、驱除疲劳等作用。在医学上,咖啡碱可用来作麻醉剂、兴奋剂、利尿剂和强心剂以及帮助消化,促进新陈代谢。咖啡的果肉富含糖分,可以制糖和制酒精。咖啡花含有香精油,可提取高级香料。

• 味觉分类

酸味：摩卡、夏威夷酸咖啡、墨西哥、危地马拉、哥斯达黎加高地产、乞利马扎罗、哥伦比亚、津巴布韦、萨尔瓦多、西半球水洗式高级新豆。

苦味：爪哇、曼特宁、波哥大、安哥拉、刚果、乌干达的各种旧豆。

甜味：哥伦比亚美特宁、委内瑞拉的旧豆、蓝山、乞利马扎罗、摩卡、危地马拉、墨西哥、肯尼亚、山多士、海地。

中性味：巴西、萨尔瓦多、低地哥斯达黎加、委内瑞拉、洪都拉斯、古巴。

香醇：哥伦比亚美特宁、摩卡、蓝山、危地马拉、哥斯达黎加。

一般来说，酸味系的咖啡豆以高质量的新豆居多，烘培程度最好浅些；而苦味系则烘培程度要浅；甜味系则多属高地产水洗式精选豆，烘培往往构成它能否融入柔和的苦味中后被人品尝出来的关键；中性味则就算不是高地产的咖啡豆，也得要有保证质量的处理。

咖啡物语

• 规格与等级

不同的国家根据不同的等级系统对咖啡豆进行分等。其中一些分等法工艺过分复杂而效果甚微，如海地分等法；而在巴西使用的分类装置，尽管其结构复杂但确实是必要的。总的说来，共有6个出口等级，最高级是SHB（strictly hard bean）特硬咖啡豆，或叫高地咖啡豆，出产于海拔不低于400米的高地。

• 名称的表示

出口港名：由所标示的出口港名可知其运送的路线。同一产地或同一品牌的咖啡都有一定的路线，因此也都是由同一港口出口。例如：若所标示者为巴西－圣多斯，则表示这是从圣多斯出口的咖啡。但标示"摩卡"者为例外。一部分也门产的

咖啡出港后，仍然沿用当年的港口名"摩卡"（摩卡－马达里）。此外，埃塞俄比亚产的咖啡也有称为"哈拉摩卡"的。

原种名、品种名：只有像阿拉伯这样的国家所产的咖啡，会省略标示，但若是阿拉比卡种与罗布斯塔种发货时，则将会在国名之下标示品种名。例如：加美隆－阿拉比卡、乌干达－罗布斯塔等。另外，还有门多诺伯、布鲁蒙等品种名标示。

山岳名：蓝山（牙买加）、加由山（印度尼西亚）、克拉尔山（哥斯达黎加）、克利斯特尔山（古巴）、乞力马扎罗山（坦桑尼亚）、马温杜哈根（巴布亚新几内亚）等，都是很有名的品牌。

出口业者名：表示输出咖啡豆的船舶、出口业者名等。

• 规格与等级

目前各生产国都有其各自独立的标准。最常被采用的标准如下：

水洗式、非水洗式：水洗式，于水槽中，以水流及器具摩擦后，去除果肉及胶质后干燥，称为水洗式咖啡豆，其品质均一。非水洗式，阳光自然干燥后，以去壳机除去果肉果皮，其质量不稳定。

平豆、圆豆：咖啡的果实是由两颗椭圆形的种子相对组成的。互相衔接的一面为平坦的接面，称为平豆。但也有由一颗圆形种子组成的，称为圆豆，其味道并无不同。熟而红的咖啡樱桃，是有多重构造的。最中间即是咖啡豆的前身，淡绿色的种子。

过滤网（按照不同的种类，不同过滤网的号码来判断咖啡豆的大小，基于此判断咖啡豆的等级）：平豆 20~19 特大、18 大、17 准大、16 普通、15 中、14 小、13~12 特小；圆豆 13~12 大、11 准大、10 普通、9 中、8 小。如巴西、哥伦比亚、坦桑尼亚等多数国家皆采用此种分类法。虽说咖啡豆的大小与质量未必有绝对关系，但至少可以使生咖啡豆的大小一致。

以标高分类：依照栽培地的标高，可分三、四、七等，各国等级标准不同。如墨西哥、洪都拉斯等采用三等级；危地马拉则采用七等级。一般而言，高地豆较低地豆的质量佳，而且因运费增加、价格也较高。

等级 名称 海拔标高（米）

1. 特等豆 1500

2. 上等豆 1200~1500

3. 中等豆 1000~1200

4. 特等水洗豆 900~1000

5. 上等水洗豆 760~900

6. 特优水洗豆 610~760

7. 优等水洗豆 610

质量类型：将一定量的样品中所含之掺杂物（瑕疵豆）的种类与数量换算成瑕疵数，以其总和作为决定质量类型的基准。巴西、埃塞俄比亚、古巴、秘鲁等数国均设有瑕疵数的基准，其值越小越好。瑕疵豆包括被虫蛀过的咖啡豆、未成熟的、发酵的、贝壳豆、碎豆等，皆可由外观来检视。

依口味制定规格：巴西、海地、肯尼亚、扎伊尔等国均有其独自的测试口味方法，经过口味测试后方可出口。

用手检视生咖啡豆：参考产地及规格的标示，并用手直接碰触以观察其外观、感觉，也是非常重要的。以外观判断生咖啡豆的质量，必须要有一定程度的经验，但只要种类一定，就能驾轻就熟了。1.色：无斑点、淡绿而鲜艳者，为色彩美丽的咖啡豆，而这也与收成有关。2.形：使用大小一致的咖啡豆，避免变形豆，即使有少量掺入也要去除。3.香：生咖啡豆具有特有的鲜绿色，这未必代表它具有好的味道，但可以证明是新鲜的农产品。除了原有的香味外，也要注意可能沾染上其他异味（如发酵、发霉、药味、土腥味等）。

齿间的香醇 >

咖啡所有的颜色、香气和味道，都是经过烘焙的手续，在咖啡生豆中发生化学变化所形成的特色。我们将其称之为"四味一香"。

苦味：咖啡因，咖啡基本味道要素之一。有特别强烈的苦味，刺激中枢神经系统、心脏和呼吸系统。适量的咖啡因亦可减轻肌肉疲劳，促进消化液分泌。它能促进肾脏机能，有利尿作用，帮助体内将多余的钠离子排出体外，但摄取过多会导致咖啡因中毒。

酸味：单宁酸，咖啡基本味道要素之二。煮沸后的单宁酸会分解成焦桔酸，所以冲泡过久的咖啡味道会变差。

浓醇：咖啡浓厚，芳醇的味道。生豆的纤维烘焙后会炭化，与焦糖互相结合便形成咖啡的色调。咖啡豆中含有少量石灰、铁质、磷、碳酸钠等。

甜味：当咖啡生豆内的糖分，经过烘焙手续部分焦化后，其余的部分就是甜味了。咖啡生豆所含的糖分约8%，经过烘焙后大部分糖分会转化成焦糖，使咖啡形成褐色，并与单宁酸相结合产生甜味。

香醇：弥漫游走的空气中的咖啡醇香。从烘焙、研磨到冲煮，咖啡豆在它漫长旅途中的每一站，都极尽力气释放芳香。因此，不妨善用你的嗅觉，随着咖啡，一起体验这场芳香之旅。

• 咖啡营养成分表

　　每 100 克咖啡豆中营养成分：水分 2g；蛋白质 6g；脂肪 16g；糖类 7g；纤维素 9g；灰分 2g；钙 120mg；磷 170mg；铁 42mg；钠 3mg；维生素 B_2 12g；烟酸 5mg；咖啡因 3g；单宁 8g。

　　把 10 克咖啡溶于热水中咖啡因含量为 0.04 克、单宁含量为 0.06 克。

为咖啡正名

多年来，咖啡一直背负着"有害健康"的恶名，如对心脏不好，对胃不好，甚至还能导致癌症等，但多国科学家已为咖啡正名说，过去对咖啡的种种偏见是不公正的。

不少科学家认为，对一名身体健康的咖啡爱好者来说，每天喝6杯咖啡不会对心脏或消化系统造成损害。但近两个世纪以来，由于对咖啡的研究主要局限在咖啡因上，从而使人们对咖啡产生了一些误解。

来自意大利米兰马里奥·乃格里药理研究所的研究人员维奇亚说，咖啡能减少80%患硬化的危险。瑞典卡洛林斯卡医学院的研究人员弗雷德霍姆说：喝咖啡能防止男人患帕金森氏症。奥地利维也纳医学院的研究人员表示，在防止DNA氧化方面，咖啡比水果和蔬菜更有效。DNA氧化是一系列重病，尤其是癌症的根源。

芬兰赫尔辛基大学糖尿病专家图米勒托说，只要一个人每天喝5至6杯咖啡，II型糖尿病的发病率就可以减半。而每天喝10杯咖啡，患II型糖尿病的风险就会降低80%。芬兰人喝咖啡世界第一，一个人每天喝10杯很平常。

每天喝600毫升合适？虽然研究人员希望给人们提出有关喝多少适量的建议，但他们都没有说明一个人最好喝哪种咖啡、多长时间喝一次咖啡、怎样喝咖啡等。科研成果都基于美国式咖啡杯，一般认为，每天喝600毫升咖啡被认为是合理的量。

荷兰乌得勒支大学医学中心的流行病学家研究了喝咖啡者的心脏病发作风险。他认为，基于目前的知识，一个喜欢喝咖啡的人可以继续纵情地喝咖啡，而不会对身体造成伤害。但他也没有说出一个建议的数量。他说："把观察结果转化为医疗建议是很困难的。"

27

● 口中的咖啡香味

香味是咖啡品质的生命。咖啡的香味经"色谱法"气体分析结果证明是由酸、醇、醛、酮、酯、硫磺化合物、苯酚、氮化合物等数百种物质挥发成分复合而成的。大致上说来,脂肪、蛋白质、糖类是香气的重要来源,而脂质成分则会和咖啡的酸苦调和,形成滑润的味道。因此香味的消失意味着品质变差,香气和品质的关系极为密切。

目前咖啡的种类有:单品咖啡、混合咖啡、花式咖啡、意式咖啡、精品咖啡、速溶咖啡……正是这些风格各异的咖啡构成了独特的咖啡文化世界,让我们在咖啡的魅力面前流连忘返。

单品咖啡 >

单品咖啡，就是用原产地出产的单一咖啡豆磨制而成，饮用时一般不加奶或糖的纯正咖啡。有强烈的特性，口感特别：或清新柔和，或香醇顺滑；成本较高，因此价格也比较贵。比如著名的蓝山咖啡、巴西咖啡、意大利咖啡、哥伦比亚咖啡……都是以咖啡豆的出产地命名的单品。

• 蓝山咖啡

蓝山咖啡，是指由产自牙买加蓝山的咖啡豆冲泡而成的咖啡。蓝山咖啡是世界上最优质的咖啡，且产量较少，物以稀为贵。蓝山山脉位于牙买加岛东部，因该山在加勒比海的环绕下，每当天气晴朗的日子，太阳直射在蔚蓝的海面上，山峰上反射出海水璀璨的蓝色光芒，故而得名。蓝山最高峰海拔 2256 米，是加勒比地区的最高峰，也是著名的旅游胜地。这里地处咖啡带，拥有肥沃的火山土壤，空气清新，没有污染，气候湿润，终年多雾多雨，平均降水为 1980 毫米，气温在 27℃左右这样的气候造就了享誉世界的牙买加蓝山咖啡，同时也造就了世界上最高价格的咖啡。此种咖啡拥有所有好咖啡的特点，不仅口味浓郁香醇，而且由于咖啡的甘、酸、苦三味搭配完美，所以完全不具苦味，仅有适度而完美的酸味。一般都单品饮用，但是因产量极少，价格昂贵无比，所以市面上一般都以味道近似的咖啡调制。

蓝山咖啡为何味道纯正的"秘密"：咖啡树全部长在崎岖的山坡上，采摘过程非常的困难，非当地熟练的女工根本无法胜任。采摘时选择恰到好处的成熟的咖啡豆非常重要，未成熟或熟透了都会影响咖啡的质量。采摘后的咖啡豆当天就要去壳，之后让其发酵 12~18 小时。此后对咖啡豆进行清洗和筛选。之后的工序是晾晒，必须在水泥地上或厚的毯子上进行，直至咖啡豆的湿度降至 12%~14%。然后放置在专门的仓垛里储存。需要时拿出来焙炒，然后磨成粉末。这些程序必须严格掌握，否则咖啡的质量将受到影响。

• Cubita

Cubita 是古巴咖啡第一品牌（中文名：琥爵咖啡）。Cubita 都产自于古巴高海拔地区无污染的水晶山咖啡，水晶山与牙买加的蓝山山脉地理位置相邻，气候条件相仿，可媲美牙买加蓝山咖啡。目前，水晶山咖啡就是顶级古巴咖啡的代名词。Cubita 坚持完美咖啡的原则，只做单品咖啡，咖啡豆的采摘以手工完成的，咖啡豆的颗粒全部按筛网 17~19 为标准严格选定，加上水洗式处理咖啡豆，最大程度上剔除出瑕疵豆以及其他杂质，以确保咖啡的质量。在咖啡行业具有很高的声誉。细心的人会发现 Cubita 又与其他咖啡说不出的独特之处。Cubita 不像意式咖啡苦味很重，像骑士一样的气派；不像蓝山咖啡的高傲，像帝王的感觉。不过 Cubita 像一个优雅的公主，拥有女性天生温柔、高贵、柔情、优雅感觉。平衡度极佳，苦味与酸味很好地配合，在品尝时会有细致顺滑、清爽淡雅的感觉，是咖啡中的极品享受。被誉为"独特的加勒比海风味咖啡"、"海岛咖啡豆中的特殊咖啡豆"。

• 猫屎咖啡

猫屎咖啡产于印尼，世界最贵咖啡的一种。印尼种植大量的咖啡作物，有种野生的叫作麝香猫的动物，杂食动物，尖尖的嘴巴，深灰色的皮毛。最喜欢的食物就是新鲜的咖啡豆，咖啡豆通过在其体内的发酵和消化，最终成为猫的粪便排出来。粪便就是一粒粒的咖啡豆，也成为世界上最昂贵的粪便。由于数量非常的稀少，所以价格非常的昂贵。

经过加工和烘焙，猫屎咖啡成为奢侈的咖啡饮品，流传到世界各地的奢侈品王国。当地的咖啡农，为了追逐高额利润，将野生的麝香猫捉回家中饲养，以便产出更多的猫屎咖啡。但是养殖麝香猫产出的猫屎咖啡，成色味道也会相应的逊色很多。即使是这样，这种咖啡的产量仍然十分稀少，并不是所有喜欢咖啡的人可以消费得起的。

这种咖啡是来自一种叫麝香猫的动物排泄物(这种动物在印尼俗称麝香猫"Kopi Luwak")，虽然来自臭臭的便便，但喝一口只觉满口甘香，还有一阵难以形容的甘甜。这种野生麝香猫喜欢吃肥美多浆的咖啡果子，但坚硬的硬果核(生豆)无法消化，随粪便排出，清洗干净之后，就成为 Kopi Luwak 咖啡生豆！因此有许多人称它为"猫屎"咖啡。印度尼西亚人发现，经过麝香猫肠胃发酵的咖啡豆，特别浓稠香醇，于是搜集麝香猫的排泄物，筛滤出咖啡豆，冲泡来喝，由于产量稀少，并且发酵过程独特，风味和一般咖啡差异巨大。传统上，咖啡果子是通过水洗或日晒处理法，除去果皮、果肉和羊皮层，最后取出咖啡豆，然而 Luwak 是利用体内自然发酵法，取出咖啡豆，因此有一股特殊风味。

• 曼特宁咖啡

曼特宁咖啡被认为是世界上最醇厚的咖啡，在品尝曼特宁的时候，你能在舌尖感觉到明显的润滑，它同时又有较低的酸度，但是这种酸度也能明显地尝到，跳跃的微酸混合着最浓郁的香味，让你轻易就能体会到温和馥郁中的活泼因子。除此之外，这种咖啡还有一种淡淡的泥土的芳香，也有人将它形容为草本植物的芳香。

曼特宁咖啡产于亚洲印度尼西亚的苏门答腊，别称"苏门答腊咖啡"。它风味非常浓郁，香、苦、醇厚，带有少许的甜味。一般咖啡的爱好者大都单品饮用，但也是调配混合咖啡不可或缺的品种。

曼特宁是生长在海拔 750~1500 米高原山地的上等咖啡豆，以 Takengon 和 Sidikalang 出产的一等曼特宁质量最高。由于曼特宁有着无可替代的香醇口味，日本最大的咖啡公司 UCC 上岛咖啡在 1995 年与苏门答腊的著名咖啡商 PT Gunung Lintong 合作经营他们在亚洲的第一个咖啡种植场，可见曼特宁在咖啡领域里的地位有多么的重要。

曼特宁咖啡豆颗粒较大，豆质较硬，栽种过程中很容易出现瑕疵，采收后通常要经过严格的人工挑选，如果管控过程不够严格，很容易造成品质良莠不齐，加上烘焙程度不同也会直接影响口感，因此成为争议较多的单品。曼特宁口味浓重，带有浓郁的醇度和馥郁而活泼的动感，不涩不酸，醇度、苦度可以表露无遗。曼特宁咖啡豆的外表可以说是最丑陋的，但是咖啡迷们说苏门答腊咖啡豆越不好看，味道就越好、越醇、越滑。

• 哥伦比亚咖啡

哥伦比亚咖啡产地为哥伦比亚，烘焙后的咖啡豆会释放出甘甜的香味，具有酸中带甘、苦味中平的良质特性，因为浓度合宜的缘故，常被应用于高级的混合咖啡中。哥伦比亚咖啡有着一种清苦的体会，清与涩如同生活，而苦味却是人生之中的必需，停在舌根的末香则是一番对前尘彻底的回想。苦是痛苦，清让人沉静，末香便成了一种精神的胜利。

哥伦比亚人对咖啡品质的孜孜追求，只能用一个词来形容：认真。除了认真，还是认真。这方面一个广为传诵的例子就是，哥伦比亚人尽管可以以生长快速且产量高的阿拉比卡咖啡树来代替波旁咖啡树，但是在对阿拉比卡咖啡树长出来的咖啡豆的品质没有确认以前，哥伦比亚人不打算轻举妄动，即使把他们咖啡产量的排名从世界第二的位置上拱手交给只会种罗布斯塔咖啡的越南也心甘情愿。

• 巴西咖啡

　　巴西咖啡泛指产于巴西的咖啡。巴西咖啡种类繁多，绝大多数巴西咖啡未经清洗而且是晒干的，它们根据产地州名和运输港进行分类。巴西有 21 个州，17 个州出产咖啡，但其中有 4 个州的产量最大，加起来占全国总产量的 98%。巴西咖啡的口感中带有较低的酸味，配合咖啡的甘苦味，入口极为滑顺，而且又带有淡淡的青草芳香，在清香中略带苦味，甘滑顺口，余味能令人舒活畅快。

　　对于巴西咖啡来说并没有特别出众的优点，但是也没有明显的缺憾，这种口味温和而滑润、酸度低、醇度适中，有淡淡的甜味，这些所有柔和的味道混合在一起，要想将它们一一分辨出来，是对味蕾的最好考验，正因为它是如此的温和、普通，适合普通程度的烘焙，用最大众化的方法冲泡，是制作意大利浓缩咖啡和各种花式咖啡的最好原料。巴西咖啡适合大众的口味。比如：北部沿海地区生产的咖啡具有典型的碘味，饮后使人联想到大海。这种咖啡出口到北美、中东和东欧。还有一种颇具情趣且值得追寻的咖啡是冲洗过的巴伊亚咖啡。这种咖啡不太容易找到，因为继美国之后，巴西是世界上最大的咖啡消费国，许多上好的咖啡只在其国内市场才能寻觅到。

花式咖啡 ＞

花式咖啡就是加入了调味品以及其他饮品的咖啡。花式咖啡不仅仅是拉花。其实花式咖啡并不需要拉花，拉花只是为了咖啡的造型更好看一点，可拉也可不拉。花式咖啡中可添加的原料有牛奶、巧克力酱、酒、茶、奶油……你自己也可以做出以你自己命名的花式咖啡，这跟鸡尾酒的道理差不多。

Espresso

- **Espresso**

受压的蒸汽直接通过咖啡粉，得到的液体就叫 Espresso。它属于纯粹的咖啡，也是其他咖啡饮料的基底。

Espresso（浓缩咖啡 / 意大利咖啡 / 浓咖啡）是意式咖啡的精髓，做法起源于意大利，在意大利文中是"特别快"的意思，其特征乃是利用蒸汽压力，瞬间将咖啡液抽出。所有的牛奶咖啡或花式咖啡都是以 Espresso 为基础制作出来的。所以

Espresso 是检验一杯咖啡品质好坏的关键。

Espresso 是利用意大利发明的摩卡壶冲泡成的，这种咖啡壶也是利用蒸汽压力的原理来淬取咖啡。摩卡壶可以使受压的蒸汽直接通过咖啡粉，让蒸汽瞬间穿过咖啡粉的细胞壁，将咖啡的内在精华淬取出来，故而冲泡出来的咖啡具有浓郁的香味及强烈的苦味，咖啡的表面并浮现一层薄薄的咖啡油，这层油正是意大利咖啡诱人香味的来源。

喝 Espresso 时，只需尝一小口我们就会迅速被其浓郁的口味和香气所折服，这正是 Espresso 与其他咖啡的不同之处。香味和浓度是衡量意大利咖啡是否好喝的两个尺度。

- **Americano**

Americano（美式咖啡 / 清咖啡）

1 份浓缩咖啡 +2 份水

Americano

美式咖啡，简单来说就是适合美国人口味的咖啡。美国人最初接触 Espresso 的时候，对 Espresso 的浓烈口感难以适应，美国消费者所习惯的是滴滤式咖啡，为了得到类似滴滤式咖啡的浓度，在 Espresso 的基础上进行一定程度的稀释所得到的咖啡。

美式咖啡的制作办法，抛开是否合理的因素，常见的有两种：第一种，直接萃取，即把美式咖啡的杯子放在意式咖啡机的冲煮头下面，直到冲煮头上流出足够的咖啡液体为止，不同店家的区别可能是在于制作一杯美式咖啡会选择使用双份 Espresso 的分量或者单份 Espresso 的分量；第二种，Espresso 加热水稀释，不同店家的区别会出现在 Espresso 和热水的添加顺序及稀释倍数。

就是否合理而言，意式浓缩的味道与萃取时间和萃取数量的关系是如何紧密，任何对咖啡有所认知的人都应该不难理解，所以简单延长萃取时间以得到更多萃取液的办法，所得咖啡的味道如何就不难猜想了。

美式咖啡之所以如此受追捧，不仅仅由于它平易近人的口味，作为纯咖啡而言，浓度（对大多数消费者而言可以简单理解成苦味）适合大众的口味，而且保留了 Espresso 的特有深烘焙香气以及苦甘口感，清爽舒服；还有另一个重要原因就是它的极高性价比，通常美式咖啡的量较多，而价格通常仅仅略高于 Espresso，或者与卡布奇诺差不多价格，遇上好脾气的店家，甚至还可以得到免费续杯的优待，由此，就不难理解为何作为纯咖啡的美式咖啡会是咖啡店里最受欢迎的咖啡款式之一了。

• 玛琪雅朵

玛琪雅朵（玛奇朵 /Macchiato）

1 份浓缩咖啡 +0.5 份奶泡（牛奶中的脂肪）

玛琪雅朵是意大利最美丽、最高贵的一种鲜花名称，后为意大利一个民族部落信仰，成为一种生活精神。意大利语中是一点点的意思，同时也代表了一种美和纯朴。玛琪雅朵咖啡，在意大利浓缩咖啡中，不加鲜奶油、牛奶，只要在咖啡上添加两大匙绵密细软的奶泡，如此就是一杯玛琪雅朵。 玛琪雅朵由于只加奶泡而不加热牛奶，所以口味上比卡布奇诺来得重。值得一提的是：因打奶泡时，表面奶泡与空气混合较剧烈，所以表面的奶泡较粗糙。此时可以将奶泡表面较粗糙的部分刮去，如此便可以喝到最细致的部分。此外，由于奶泡与空气接触后，会影响它的绵密度，因此玛琪雅朵在做好后应尽快喝完。

• 康宝蓝

康宝蓝（康巴纳 /Con Panna）

1 份浓缩咖啡 +0.5 份鲜奶油

Espresso Con Panna

意大利语中，Con 是和的意思，Panna 是生奶油，康宝蓝即意式浓缩咖啡加上鲜奶油。在意大利 Espresso 特浓咖啡中加入适量的鲜奶油，即轻松地完成一杯康宝蓝。嫩白的鲜奶油轻轻漂浮在深沉的咖啡上，宛若一朵出淤泥而不染的白莲花，令人不忍一口喝下。

另一种说法是，正宗的康宝蓝，要配一颗巧克力或太妃糖，先将巧克力或太妃糖含在嘴里，再喝咖啡，让美味一起在口中绽放。

• 卡布奇诺

1份浓缩咖啡 +0.5份热牛奶 +1.5份奶泡

Cappuccino

20世纪初期，意大利人阿奇布夏发明蒸汽压力咖啡机的同时，也发展出了卡布奇诺咖啡。卡布奇诺是一种加入以同量的意大利特浓咖啡和蒸汽泡沫牛奶相混合的意大利咖啡。此时咖啡的颜色，就像卡布奇诺教会的修士在深褐色的外衣上覆上一条头巾一样，咖啡因此得名。传统的卡布奇诺咖啡是1/3浓缩咖啡，1/3蒸汽牛奶和1/3泡沫牛奶。

卡布奇诺咖啡具有特浓咖啡的浓郁口味，配以润滑的奶泡，颇有一些汲精敛露的意味。撒上了肉桂粉的起沫牛奶，混以自下而上的意大利咖啡的香气，新一代咖啡族为此而心动不已。

它有一种让人无法抗拒的独特魅力，起初闻起来时味道很香，第一口喝下去时，可以感觉到大量奶泡的香甜和酥软，第二口可以真正品尝到咖啡豆原有的苦涩和浓郁，最后当味道停留在口中，你又会觉得多了一份香醇和隽永……一种咖啡可以喝出多种不同的独特味道，不觉得很神奇吗？第一口总让人觉得苦涩中带着酸味，大量的泡沫就像年轻人的生活，而泡沫的破灭和那一点点的苦涩又像是梦想与现实的冲突。最后品尝过生活的悲喜后，生命的香醇回甘却又让人陶醉……这就好像正值青春期的青少年一般，在享受过童稚、美好的时光后，便要开始面对踏入成人世界的冲击，真正尝到人生的原味——除了甘甜之外，还有一份苦涩。

• 拿铁

1 份浓缩咖啡 +1.5 份热牛奶 +0.5 份
奶泡

Caffè Latte

拿铁（Caffè Latte）咖啡是意大利浓缩咖啡与牛奶的经典混合，意大利人也很喜欢把拿铁作为早餐的饮料。意大利人早晨的厨房里，照得到阳光的炉子上通常会同时煮着咖啡和牛奶。喝拿铁的意大利人，与其说他们喜欢意大利浓缩咖啡，不如说他们喜欢牛奶，也只有 Espresso 才能给普普通通的牛奶带来让人难以忘怀的味道。

拿铁咖啡需要一小杯 Espresso 和一杯牛奶（150~200 毫升），拿铁咖啡中牛奶多而咖啡少，这与卡布奇诺有很大不同。拿铁咖啡做法极其简单，就是在刚刚做好的意大利浓缩咖啡中倒入接近沸腾的牛奶。事实上，加入多少牛奶没有一定之规，可依个人口味自由调配。

"拿铁"来自那句著名的"我不在咖啡馆，就在去咖啡馆的路上"，是一位音乐

家在维也纳说出来的。维也纳的空气里，永远都飘荡着音乐和拿铁（Latte）咖啡的味道。第一个把牛奶加入咖啡中的，就是维也纳人柯奇斯基，他也是在维也纳开出第一家咖啡馆的人。

这是 1683 年的故事了。这一年，土耳其大军第二次进攻维也纳。当时的维也纳皇帝奥博德一世与波兰国王奥古斯都二世订有攻守同盟，波兰人只要得知这一消息，增援大军就会迅速赶到。但问题是，谁来突破土耳其人的重围去给波兰人送信

呢? 曾经在土耳其游历的维也纳人柯奇斯基自告奋勇,以流利的土耳其话骗过围城的土耳其军队,跨越多瑙河,搬来了波兰军队。奥斯曼帝国的军队虽然骁勇善战,在波兰大军和维也纳大军的夹击下,还是仓皇退却了,走时在城外丢下了大批军需物资,其中就有 500 袋咖啡豆——穆斯林世界控制了几个世纪不肯外流的咖啡豆就这样轻而易举地到了维也纳人手上。但是维也纳人不知道这是什么东西。只有柯奇斯基知道这是一种神奇的饮料。于是他请求把这 500 袋咖啡豆作为突围求救的奖赏,并利用这些战利品开设了维也纳首家咖啡馆——蓝瓶子。开始的时候,咖啡馆的生意并不好。原因是基督教世界的人不像穆斯林那样,喜欢连咖啡渣一起喝下去;另外,他们也不太适应这种浓黑焦苦的饮料。于是聪明的柯奇斯基改变了配方,过滤掉咖啡渣并加入大量牛奶——这就是如今咖啡馆里常见的"拿铁"咖啡的原创版本。

• 摩卡咖啡

1 份浓缩咖啡 +1 份热牛奶 +0.5 份巧克力酱 +0.5 份鲜奶油

Café Mocha

摩卡咖啡（Café Mocha，意思是巧克力咖啡）是意式拿铁咖啡的变种。和经典的意式拿铁咖啡一样，它通常是由 1/3 的 Espresso 和 2/3 的奶沫配成，不过它还会加入少量巧克力。巧克力通常会以巧克力糖浆的形式添加，但某些咖啡售卖系统便会以即溶巧克力粉取代。有时，打起了的奶油、可可粉，和棉花糖都会加在上面用来加重咖啡的香味和作为装饰之用。和卡布奇诺不一样，摩卡咖啡上面是没有鲜奶泡沫的。取而代之，摩卡咖啡上面通常是一些打起了的奶油和肉桂粉或者可可粉其中之一。有种摩卡的变种是白摩卡咖啡，用白巧克力代替牛奶和黑巧克力。除了白摩卡咖啡之外，还有一些变种是用两种巧克力糖浆混合，它们有时被称为"斑马"（Zebras），也有时会被滑稽地叫作"燕尾服摩卡"（Tuxedo Mocha）。

某些欧洲和中东的地方会以摩卡奇诺去形容加入了可可或者巧克力的意式拿铁咖啡。在美国摩卡奇诺就是指加入了巧克力的意式卡布奇诺。

摩卡咖啡的名字起源于位于也门的红海海边小镇摩卡。这个地方在 15 世纪时垄断了咖啡的出口贸易，对销往阿拉伯半岛区域的咖啡贸易影响特别大。摩卡也是一种"巧克力色"的咖啡豆（来自也门的摩卡），这让人产生了在咖啡混入巧克力的联想，并且发展出巧克力浓缩咖啡饮料。在欧洲，"摩卡咖啡"既可能指这种饮料，也可能仅仅指用摩卡咖啡豆泡出来的咖啡。

43

• 爱尔兰咖啡

爱尔兰咖啡是一种既像酒又像咖啡的咖啡，原料是爱尔兰威士忌加咖啡豆，特殊的咖啡杯，特殊的煮法，认真而执着，古老而简朴。其爱尔兰咖啡杯是一种方便于烤杯的耐热杯。烤杯的方法可以去除烈酒中的酒精，让酒香与咖啡更能够直接的调和。严谨地说，爱尔兰咖啡是一种含有酒精的咖啡，于 1940 年由 Joseph Sheridan 发明。传统上，爱尔兰咖啡是由热咖啡、爱尔兰威士忌、奶油、糖混合搅拌而成。

爱尔兰咖啡是要用特定的专用杯，杯子的玻璃上有三条细线，第一线的底层是爱尔兰威士忌，第二线和三线之间是曼特宁咖啡，第三线以上（杯的表层）是奶油，白色的奶油代表爱情的纯洁，奶油上还洒了一点盐和糖，盐代表眼泪，糖代表甜蜜，一段刻骨铭心的爱情故事，又何尝不是这样呢？制作的过程，首先是"烧杯"，"烧杯"是为了将威士忌的酒精挥发走。在烧完杯后，酒和咖啡都是热的，而奶油是冻的，奶油在慢慢融化的过程中，在深色的咖啡和酒的表面上拉出了很多白色的细线，象征着情人的眼泪，在温度达到平衡的时候，白色的细线弥漫出去，让人又体会到另一种欲哭无泪的心情，在一杯咖啡里，品到的是有情人相思的苦涩，"相思苦，苦相思，明知相思苦，为何苦相思"。

• 绿茶咖啡

绿茶咖啡即是一道纯日本风味的咖啡。给冲泡好的咖啡注上鲜奶油，再撒上一些绿茶粉。绿茶咖啡首次正式输入日本是在 1877 年，当时正是明治维新的时代，咖啡是被当作一种象征欧洲文化的高级饮料。绿茶所特有的优雅清香及略带苦涩的口感，与咖啡浓郁厚重的香味及略带圆柔酸味及甜香的口感，在口中交流激荡，如同东西方两种不同文化的交流过程，在冲突与融合中寻求安定平衡点。

绿茶咖啡的清香将我们的视线从遥远的国度拉了回来，日本是一个善于吸收与融合的民族，这是一道纯日本风味的咖啡，绿茶的幽雅清香、咖啡的浓郁厚重交流激荡。具有健康取向的新流行咖啡，带着淡淡的绿茶香，你不妨也来试试看！这是最具有东方风味的花式咖啡，做法也非常简单。咖啡的浓烈混合了绿茶的清香，完全不会有冲突的感觉，相反你一定会惊叹于它的和谐。

45

• 冰咖啡

　　非常浓的咖啡和冰块混合，再加入小豆蔻这种原产于东印度群岛的香料，配以奶油和糖，这样制成的一杯泰式冰咖啡，一瞬间就把你带到烈日和海风下的普吉岛。如果有一种咖啡能在炎热的夏日给你带来清凉的海风和亚洲古老的迷幻香气，那就是泰式冰咖啡。

• 维也纳咖啡

　　维也纳咖啡乃奥地利最著名的咖啡，是一个名叫爱因·舒伯纳的马车夫发明的，也许是由于这个原因，今天人们偶尔也会称维也纳咖啡为"单头马车"。以浓浓的鲜奶油和巧克力的甜美风味迷倒全球人士。雪白的鲜奶油上，洒落五色缤纷七彩米，扮相非常漂亮；隔着甜甜的巧克力糖浆、

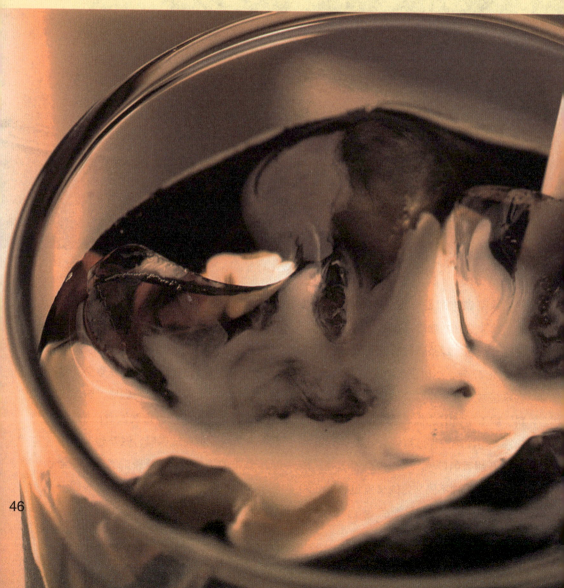

冰凉的鲜奶油啜饮滚烫的热咖啡，更是别有风味，这可以说是咖啡中的经典之一。

维也纳咖啡有点像美式摩卡咖啡。首先在温热的咖啡杯底部撒上薄薄一层砂糖或细冰糖，接着向杯中倒入滚烫而且偏浓的黑咖啡，最后在咖啡表面装饰两勺冷的新鲜奶油，一杯经典的维也纳咖啡就做好了。

品尝维也纳咖啡最大的技巧在于不去搅拌咖啡，而是享受杯中三段式的快乐：首先是冰凉的奶油，柔和爽口；然后是浓香的咖啡，润滑却微苦；最后是甜蜜的糖浆，即溶未溶的关键时刻，带给你发现宝藏般的惊喜。

维也纳咖啡是慵懒的周末或是闲适的午后最好的伴侣，喝上一杯维也纳咖啡就是为自己创造了一个绝好的放松身心的机会。但是，由于含有太多糖粉和脂肪，维也纳咖啡并不适合于减肥者。如果巧克力是你的至爱，美式的维也纳咖啡一定能满足你所有的愿望。当然，美式维也纳咖啡比欧式维也纳咖啡含有更高的热量，最好能搭配清淡的食物一起享用。美式维也纳咖啡的做法是：先将浓奶油和巧克力放进平底锅内融为巧克力浆，再把巧克力浆和黑咖啡混合。在温热的咖啡杯底部放好一层砂糖，倒入热咖啡和巧克力的混合液体。再在液体表面放两勺凉奶油，最后在奶油上用巧克力屑或者肉桂粉装饰。制作美式维也纳咖啡的关键在于巧克力的量，太多的巧克力会掩盖咖啡本身的味道。

47

• 冰淇淋咖啡

这是一道充满创意与富有变化的冰品咖啡。在冰凉的香草冰淇淋上倒入意大利浓缩咖啡，再用巧克力酱在鲜奶油和冰淇淋上自由构图。随着咖啡的热气，使冰淇淋渐渐溶化，而与鲜奶油混合在一起。巧克力酱所绘制的图案，也随冰淇淋溶化而绽开，一幅狂放的立体山水画随之呈现。在味觉上，也由开始时冷热分明、甜苦有别而渐次融合，在水乳交融的过程中，充满了口感上的想象与变化。当在咖啡中添加冰淇淋作为口味上的变化时，须注意所选择的冰淇淋香味不可太重，否则容易破坏咖啡原有的香味。所以香草冰淇淋是最佳的选择，因为其具有淡淡的芳香和清爽的口感，与咖啡结合时，不但不会破坏咖啡原有的香醇及口感，而且还能更增添咖啡的风味。

• 鸳鸯咖啡

鸳鸯咖啡是香港地区流行的新式咖啡。一半一半的搭配，故名之为"鸳鸯"。因咖啡属燥热性饮料，红茶属温凉性饮料，彷佛象征一对同命鸳鸯，无论水深火热、冰天雪地，都是生命共同体。喝之前加些浓甜炼乳调和味道，象征生活里还有许多甜甜蜜蜜。两者混合正可自然调和、养生保健。其相辅相成的功效，足可满足各方需求。

咖啡拉花

咖啡拉花是在原始的卡布奇诺或拿铁上做出的变化。关于咖啡拉花的起源，其实一直都没有十分明确的文献，只知道当时在欧美国家，咖啡拉花都是在咖啡表演时，所展现的高难度专业技术，而如此的创新技巧，所展现的高难度技术，大大震撼了当时的咖啡业界，从一开始就得到了大众的瞩目。所有的人都深深被咖啡拉花神奇而绚丽的技巧所吸引。

当时咖啡拉花，注重的大部分都是图案的呈献，但经过了长久的发展和演进之后，咖啡拉花不只在视觉上讲究，在牛奶的绵密口感与融合的方式与技巧也一直不断地改进，进而在整体味道的呈现，达到所谓的色、香、味俱全的境界。

在欧美国家和日本有许多的专业咖啡书籍，都在介绍"Latte Art"的基本技术，更有许多的咖啡相关书籍，是以咖啡拉花作为封面的专业象征，而且咖啡拉花已经是现今各种比赛的必备专业技术。

每年在美国"Coffee Fest"都会举办"The Millrock Latte art Competition"的世界咖啡拉花比赛，聚集了来自世界各地的咖啡拉花高手，在比赛中展现各种创新图案及熟练的技巧，并在有素有咖啡界的奥林匹克大赛之称的"world barista competition"(WBC)世界咖啡拉花比赛中，咖啡拉花更是选手们必备的专业咖啡技术，各个国家的每位代表选手们，都会在比赛过程中的卡布奇诺项目中，展现自己的高超拉花技巧，由此可见，咖啡拉花在意式咖啡界的重要性及专业性。

速溶咖啡 >

速溶咖啡，是通过将咖啡豆中的水分蒸发而获得的干燥的咖啡提取物。速溶咖啡能够很快地溶化在热水中，而且在储运过程中占用的空间和体积更小，更耐储存。区别于较为繁复的传统咖啡冲泡方式，因此获得了广泛的流行。

1930年，为了应对咖啡豆过剩的问题，巴西咖啡研究所同瑞士"雀巢"公司商量，请求他们设法生产一种加热水搅拌后立即成为饮料的干型咖啡。雀巢公司花了8年时间来进行研究。他们发现最有效的方法是通过热气喷射器来喷射浓缩咖啡提取物。热使咖啡提取物中的水分蒸发掉，留下干燥的咖啡粒。这种粉末因容易在开水里溶解而成为受大众欢迎的饮料。新的速溶咖啡以"雀巢"的名称投放市场，这是一个从那时以来闻名世界的著名品牌。后来，另一种凝固干燥法也用来制造速溶咖啡。这种方法包括使咖啡凝固，然后将水分蒸发掉。1906年已发明出制造工序，但直到最近几十年才得到广泛应用。制造商们宣称，这一方法保存了更多的咖啡原始味道。

咖啡"伴侣" 〉

在寒冷的冬季,泡一杯咖啡暖手,再约上三五好友,尽享周末暖心的咖啡时光。仅有这些还不够,贪心的我们非要找到每款咖啡的绝配蛋糕,惬意地品味绝配带来的味觉旅行。有了香浓的咖啡与诱人的甜点,该如何搭配才能使彼此的味道相辅相成,令人印象深刻?浓醇的咖啡,搭配上甜点也都有令人意想不到的好滋味。

• 咖啡+甜点的速配法则

• 美式咖啡+纽约芝士蛋糕

美式咖啡香味浓郁,苦味重,表面有一层咖啡油,是高度浓缩的咖啡,例如Espresso 浓缩咖啡的口味单一而香醇,最适合搭配口味重而且单纯的芝士蛋糕。使甜点吃起来不腻,又使单品咖啡中的苦味与酸味变得柔和不刺激。纽约芝士蛋糕,属于烘培类重芝士口味的蛋糕,口感香滑松软,芝士味道浓郁,加上香脆的饼干底,成为喜欢芝士朋友的心头最爱。

• **卡布奇诺＋提拉米苏**

经常喝下午茶的人都知道，提拉米苏和卡布其诺是绝佳的搭配，就如同一对完美的恋人，能将蛋糕的甜与咖啡的苦极好地融合。提拉米苏吃到嘴里香、滑、甜、腻，柔和中带有质感的变化，味道并不是一味的甜，因为有了可可粉，所以略有一点点不着边际的苦涩，这正好与带有醇香奶味的卡布奇诺相配。而作为意大利最负盛名的甜点，提拉米苏还有一个温馨的传说：二战时期，一个意大利士兵要出征了，可是家里已经什么也没有了，爱他的妻子为了给他准备干粮，把家里所有能吃的饼干、面包全做进了一个糕点里，那个糕点就叫提拉米苏，意思是带我走吧。于是，这款属于成人世界的甜点，就成了专属于爱与幸福的寓言。

• **拿铁咖啡＋蓝莓芝士蛋糕**

还记得王家卫的首部英语电影《蓝莓之夜》中，讲述了一个关于蓝莓派的爱情童话。Elizabeth失恋后，每天都到咖啡加盟店点一块蓝莓派，对于这个漂亮却并不幸运的女孩来说，蓝莓派的味道就是失恋的味道，每一口都是苦涩。在寒冷的冬季，用失恋的心情品尝蓝莓蛋糕自然不是我们追求的。不过，有点苦的蓝莓蛋糕也有专属绝配拿铁咖啡。拿铁咖啡也叫奶特，是意大利浓缩咖啡与牛奶的经典混合。牛奶的温润调味使得拿铁更加柔滑香甜、甘美浓郁，是蓝莓芝士蛋糕的完美搭档。层次丰富的咖啡与口感浓郁的蛋糕相互交融，凝结出苦与甜的绝佳风味。

53

• 焙烤咖啡+巧克力蛋糕

　　巧克力蛋糕可谓是经典中的经典，而最有名的巧克力蛋糕非黑森林莫属。黑森林蛋糕源于德国，它融合了樱桃的酸、奶油的甜、巧克力的苦、樱桃酒的醇香。3层巧克力味的蛋糕坯中加入浓浓樱桃酒的鲜奶油，再配上黑樱桃碎和大量巧克力碎作为馅料。那层层叠叠的布局、柳暗花明的装饰，又分明在传达着某种含蓄的意境。点缀着4个晶莹的樱桃，奶油的甜中带着点点的樱桃酸，细细品来，甘醇的酒味中却蕴藏着可可的苦涩和甜蜜。不过，也有不少人感觉巧克力蛋糕太过甜腻，品尝时配以味道较浓的咖啡可谓恰到好处，如深度焙烤的拼配咖啡。巧克力成分越多，咖啡味道也应越浓厚。

• 单品咖啡+重口味甜点

　　单品咖啡多为日式或美式咖啡，Espresso也包含在内，换句话说就是以黑咖啡方式供应的这类咖啡，单品咖啡的口味单一而香醇，最适合搭配口味重且单纯的甜点，例如起司蛋糕、黑森林蛋糕、巧克力布朗尼、法式烤布丁、瑞士巧克力慕斯等。这样的搭配可以使甜点吃起来不腻，而同时使单品咖啡中的苦味与酸味变得柔和不刺激。

• 花式咖啡+酸甜口味甜点

花式咖啡泛指经过调味的咖啡，以目前最流行的义式咖啡来说，例如拿铁、卡布奇诺、摩卡等，就是以添加鲜奶、糖浆、巧克力或肉桂等作出来的花式咖啡，这类咖啡的味道丰富，不仅含有浓郁的咖啡香，更融合了其他材料的特殊香气，最适合搭配酸甜口味的甜点，例如蓝莓起司蛋糕、柠檬奶油瑞士卷，可以使味道更具层次感，或是口味清爽的甜点，例如波士顿派或蛋塔，可以突显出咖啡本身的丰富感。

• 冰咖啡+水果甜点

即使是相同的咖啡，冰的在口感上要比热的来得清爽内敛一些，搭配上水果甜点，最能突显出水果的芬芳香气，例如水果塔、杏桃派、水果松饼、草莓千层派等。

• Espresso的经典搭配

把 Espresso 翻译成功夫咖啡的人一定是下过一番工夫的，而且深明 Espresso 在咖啡界的地位无出其右。如同功夫茶，除了茶的本性，还有点斗法的感觉，斗设备高端，斗手法老到，更斗客人的鉴别能力。Espresso 是咖啡的灵魂，坊间叫它意式浓缩咖啡，顾名思义，来自意大利，浓度高、口味重。一杯好的功夫咖啡就像一杯好的基酒，可以调出任何花式咖啡，像最受欢迎的卡布奇诺和最常见的拿铁咖啡都是用功夫咖啡调配出来的。当然也可以就这么干干净净纯纯粹粹地素面朝天，好的功夫咖啡表面会覆盖厚厚的一层深咖啡色油脂，油脂中夹带有细密的斑纹，不需任何多余装饰就已经很美妙了。

• Single espresso 浓缩咖啡

Single espresso 是功夫咖啡的基本款，分量相当少，是欧洲最流行的一款咖啡，如果到咖啡馆或是餐厅点单的时候只说要咖啡，侍者肯定会直接端上来一杯这样的功夫咖啡。他们喜欢用类似Shooter的小玻璃杯来装，而且多数是一两口喝干，很少有慢慢品的，与中国功夫茶的细品刚好相反。浓缩咖啡将人从高深莫测的单品咖啡和繁杂的咖啡豆产地中解放出来，通常是选用深度烘培的拼配咖啡豆，一旦通过、确认了配方，数十年不会更改，口味相当稳定。

好的功夫咖啡在家里很难做出来，需要越专业越好的咖啡机来炮制。机器的压力够不够大，水循环系统够不够流畅，配备的手柄甚至压粉器够不够顺手，都会影响一杯 Espresso 的品相。一杯好的功夫咖啡是通过极度的高压，让蒸汽快速流过紧压的咖啡粉，将细砂糖般粗细的粉末萃取出一份精华汁液。时间不能超过 30 秒，温度不能超过 90℃，手工压粉的力道至少要超过 20 千克，咖啡油脂要力求 3 毫米厚，要求极为精准，绝对地要真功夫。

即使在咖啡馆里，喝 Espresso 不需要很特别的环境，有时候甚至不需要桌子，很多人都喜欢站在吧台边一边看咖啡师怎么优美流畅地炮制一杯 Espresso，然后端过来用 3 秒钟的速度就把它喝掉。

建议搭配：鲜柠檬水，因为 Espresso 很浓，喝之前最好是喝点清水，把味觉清零，至少不能是口渴的状态；布朗尼蛋糕，因为咖啡很苦，所以可以配很甜的布朗尼蛋糕，中和一下口感；站在柜台和咖啡师闲聊几句，然后迅速闪人。

• Macchiato espresso玛琪雅朵

Macchiato 比较女性化，看起来像是缩小版的卡布奇诺。它们最大的区别，除了玛琪雅朵的分量是卡布奇诺的 1/3，玛琪雅朵是功夫咖啡上面只加一层奶泡而没有再加牛奶，所以喝起来奶香只停留在唇边而已，浓缩咖啡的味道并不会被牛奶稀释。这款咖啡是现今功夫咖啡里最为流行的，是因为很多年轻化的咖啡馆喜欢用这款咖啡变花样，比如焦糖玛琪雅朵，但实际上已经默默把分量加大了数倍，口味也减淡了很多，只是还沿用这个好听的名字而已。

玛琪雅朵因为上面有一朵淡淡的奶泡，喝的时候不要用咖啡勺搅拌，就算要加糖也最好是均匀地撒在奶泡的表面一层，找一个角度直接喝，让咖啡进了口里还能保持层次感。

建议搭配：黑巧克力，这是功夫咖啡的绝配，很多咖啡馆会提供这样的经典搭配；听肖邦玛祖卡舞曲，喝这样的浓咖啡，不适合听更热闹的流行音乐了，来点安静中带点劲儿的钢琴非常和谐。

• Double espresso双份浓缩咖啡

基本上，这是一款属于男性的饮料，带劲儿又毫不矫情，也是给真正的咖啡鬼们准备的加强版功夫咖啡。双份的意思并不是咖啡的分量加倍，而是同样多的水，咖啡粉的用量加倍，咖啡看起来还是那么多，但浓度提升了一倍。级别相当于酒类里面的烈酒、香水里面的香精，比较呛喉，不是所有人都能消受的。喝这样的咖啡是会把人惯坏的，如果习惯了这样浓烈的口味，其他咖啡喝起来就都像水。还有更极端的人，喜欢往 Double 里面再加酒，比如朗姆或是威士忌，追求那种味觉全部被包围了的满足感。双份浓缩咖啡不要轻易尝试，因为会有上去了下不来的感觉。不过一旦喜欢上了也就无法自拔了。

建议搭配：牛油曲奇饼干，这样的略嫌平庸的搭配只是为了让这样带劲的饮品有点内容；喝双份是需要酝酿的，一点点时间刚好可以给好久不见的朋友发发短信，不痛不痒地问候一下。

57

• Con panna espresso 康宝蓝

康宝蓝是一杯普通的浓缩咖啡上面浇上厚厚的鲜奶油，是比较复古的一款功夫咖啡，很像沙俄时代的贵族们或是奥地利的王室里面喝的，可能是因为当时鲜奶油比较稀有吧。一般的咖啡馆都会用玻璃杯来装，为了让客人可以观赏鲜奶油和咖啡交融的界面，从一开始的一刀两断，到慢慢一丝一丝渗透，最后深褐色清澈的浓缩咖啡变混浊，奶油的甜味也弥漫在苦苦的咖啡里面，变得比较有亲和力。想要尝试功夫咖啡的人，从这一款咖啡入手会比较容易。康宝蓝因为加了鲜奶油，很有下午茶的气氛，可能不需要再配糕点，自身的结构已经很完整。喝的时候最好也不要搅拌奶油。

建议搭配：美国杏仁，这是比较健康的搭配，口味也不错；看新的娱乐指南，顺手从咖啡馆抄起一张什么节目海报看看都挺适合。

Espresso黄金规则

Espresso在咖啡爱好者心中一直都拥有非常高的地位，不单单因为其浓郁的口感，纯正的意大利血统，更因为Espresso对于咖啡师来说不但考验的是技艺，更多的是对于咖啡的认知和热爱。

1. 水压：现代的咖啡机比起古老的LAVA机器先进了很多，由一个水泵控制输出可控的水压。Espresso理想水压一般在9BAR，这也是大家公认的最理想的大气压。2. 锅炉压力：锅炉压力关系到制作咖啡的水温和蒸汽的冲力大小。锅炉压力越高，则水温越高，且蒸汽的冲力也越大；反之则水温变低，蒸汽也会变小。锅炉压力一般在1BAR左右，当然这个数值目前依然存在很多争议，每位咖啡师的理解都不一样。3. 水温：水温需要根据不同咖啡豆的品种需求而定，有些会受制于锅炉压力，有些则较灵活地精确设置。根据大多数咖啡师的经验，水温在90至92℃之间，每位咖啡师都可以根据自己的理解和需求进行灵活的调整。4. 填压力量：填压有各种风格，这个世界几乎没有两个人的填压会是一模一样的，一般而言如果是重压，要求的压力会是25kg/m²这样的压力，但填压确实是黄金规则中最自由的一项参数。5. 咖啡豆研磨粗细：研磨粗细会和气候、咖啡豆烘焙度、新鲜度、湿度、磨豆机的新旧等诸多因素有关，行内一直流传着一句话："正确的是研磨粗细一直在变，错误的是研磨的一成不变"。6. 粉量：单份的Espresso粉量在7~8克咖啡粉，双份是15~16克，很

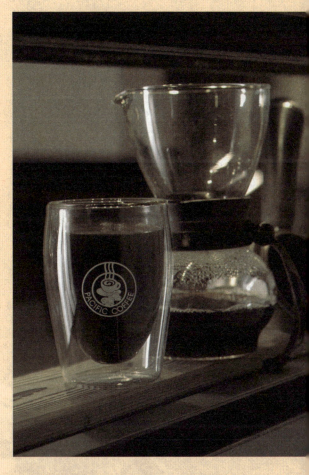

好算的数学题。7. 萃取时间：Espresso黄金规则的萃取时间规定在22~28秒之间，但萃取时间其实是填压、粉量和研磨度的综合表现，需要靠咖啡师对于Espresso的理解进行调节。8. 萃取量：Espresso单份30毫升、双份60毫升的萃取量几乎没有人会去改变，除了少数的意大利会用单份的咖啡粉量却只萃取15毫升的咖啡液。9. 咖啡油脂：咖啡油脂的复杂不是三言两语能说清的，简单而言就是需要有丰厚而呈金黄色偏褐色的油脂才是一杯好的Espresso。

59

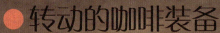转动的咖啡装备

当你有幸被邀请到一位咖啡玩家的店中做客,坐在舒服的沙发上,在柔和的光线中,最打动你的还是咖啡。看着主人演示性地将一捧生豆,经过烘焙、研磨、烹煮,最后入杯,沉醉于咖啡这种现象——从固体变为液体的过程,而形成这种现象,或者说是成就了这种艺术的功臣,当数咖啡装备。

烘焙工具——跳跃的咖啡豆 〉

越来越多的咖啡玩家开始钟情于自己烘焙咖啡豆,因为通常咖啡豆在烘焙完成后,只能保存1~7天的新鲜度,之后就会开始走味,只留下苦味,而没有香醇的口感。所以,自己烘焙可以确保咖啡豆的新鲜度。他们形容这种感觉就如同自己炒一盘新鲜的蔬菜,或蒸一条新鲜的鱼一般,其滋味之鲜美胜过宴会里的大菜,还可增添许多情趣。

传统的烘焙机都是滚筒式,这种烘焙方式具有焖烧的特性,会使咖啡豆的风味较老成,口感较饱满。家用滚筒式烘焙机一次可以烘焙半磅咖啡豆,一次的烘焙时间(含冷却与出豆)约需21~25分钟,若想深度烘焙,只需增加时间即可。使用时,只需放入生豆,设定烘焙度,按下启动钮,从烘焙到冷却,烘焙机都可以自动完成,而你所要做的只是慢慢欣赏咖啡豆在烘焙机中快乐地跳起落下。

• 选择烘焙工具

咖啡之所以被人们喜爱，主要是因为烘焙后所形成的香气与饮用时的口感。咖啡生豆本身并没有什么特殊的味道，是烘焙将生豆内部的物质彻底转变与重组，形成新的结构，从而带出咖啡香醇的风味。

烘焙的工具——烘焙机，分为3类：直火式、半热风直火式和热风式。目前后两种是主流。

直火式：人类最早使用的烘焙工具。缺点：铁的导热速度不快；烘焙时间长；热气浪费；生豆接触滚筒壁过久，容易被烧焦，造成苦味与焦味；碎屑进出留在筒内附在咖啡豆表面会将风味变混浊。

半热风直火式：1870—1920年德国人范古班改良与制造。1907年德国的Perfect烘焙机便开始引用这种观念，使用瓦斯加热，并有一个气泵，将热气一半带进滚筒内，一半带到外围加热滚筒。至今，德国的Probat滚筒式烘焙机名满天下。此外，美国爱达荷州的迪瑞克公司于1987年率先使用瓦斯启动的红外线热源，使温度控制得更为精准，成为北美第一品牌。半热风直火式，以火源直接加热滚筒，同时将热风带到滚筒内，提升加热速度，又可以吹走碎屑，因此生产出均衡干净的咖啡豆。

热风式：20世纪的创举，用热风烘焙咖啡豆，提高烘焙效率。1934年由美

国的柏恩公司所制造的瑟门罗烘焙机,一种大型热风式烘焙机。

　　风床式烘焙机:用热风吹动生豆,让它上下飘动。1976年,美国人麦可·施维兹设计出风床式烘焙机。澳大利亚知名咖啡专家伊昂·柏思坦也设计也制造了风床式烘焙机。使用这种烘焙机质量重的会较快落下,再度接受热风烘焙,能使咖啡豆烘焙均匀。不过缺少金属滚筒的焖烧,有人认为少了一个味道。

● 爆炸的咖啡豆

　　咖啡烘焙是一种高温分解的过程,它彻底改变生豆内部的物质,产生新的化合物,并重新组合,形成香气与醇味。这种作用只会在高温的时候发生,如果只使用低温,则无法造成分解作用。

　　事实上,在咖啡的处理过程中,烘焙是最难的一个步骤,它是一种科学,也是一种艺术。烘焙的进行约分为3个阶段:

　　脱水:在烘焙的初期,生豆开始吸热,

内部的水分逐渐蒸发。这时，颜色渐渐由青色转为黄色或浅褐色，并且银膜开始脱落，可以闻到淡淡的青草味道。这个阶段的主要作用是去除水分，约占烘焙时间的一半。由于水是很好的传热导体，有助于烘焙咖啡豆内部物质。所以，虽然目的在于去除水分，但烘焙师会善用水的温度，并妥善控制，使其不会蒸发得太快。通常，水分最好控制在 10 分钟时达到沸点，转为蒸汽，这时内部物质充分烘热，水也开始蒸发，排出咖啡豆的外部。

高温分解：烘焙到 160℃ 左右，豆内的水分会蒸发为气体，开始排除咖啡豆的外部。这时，生豆的内部由吸热（Endothermic）转为放热（Exdothermic），出现第一爆裂声。在第一次爆裂声之后，又会转为吸热，这时，咖啡豆内部压力极高，可高达 25 个大气压力。高温与压力开始解构原有的组织，形成新的化合物，造就咖啡的口感与味道。达到 190℃ 左右，吸热与放热的转换再度发生。当然，高温裂解作用仍然持续发生，咖啡豆由褐色转变成深褐色，渐渐进入重度烘焙的阶段。

冷却：咖啡在烘焙之后，一定要立即冷却，迅速停止高温裂解作用，将风味锁住。否则，豆内高温仍在继续发生作用，将会烧掉芳香的物质。冷却的方法有两种，一为气冷式，一为水冷式。气冷式速度慢，但干净而不污染，较能保留咖啡的香醇，为精品咖啡所采用。水冷式是在咖啡豆表面喷上一层水雾，让温度迅速下降，需要精密计算，而且会增加烘焙咖啡豆重量，一般用于商业咖啡烘焙。爆裂声，生豆由吸热转为放热时，内部的物质排出

体外，会形成明显声响。第一次较大声音，清脆而分散，第二次较小声，细致而集中。由于爆裂声与温度的关联性很高，能充分代表烘热的温度，是烘焙师判断烘焙度的重要依据。

烘焙所造成的变化，烘焙造成的变化是很复杂的，虽有科学家不断研究分析，仍然无法窥知全貌。大致有以下变化：失重：含水率由13%左右降到1%，失重大概12%~21%，烘焙度越高，失重越多。体积膨胀：烘焙后，咖啡豆体积会增加60%以上。细胞孔放大：生豆的细胞壁坚硬，细胞孔闭锁，所以不易变质。但是烘焙之后，细胞壁变得很脆弱，细胞孔放大，很容易流失内部物质。形成二氧化碳：高温分解作用使得咖啡豆内部的碳水化合物发生分解，并结合其他物质形成大量的二氧化碳，驻留在咖啡豆的内部。改变组织结构：烘焙后，碳水化合物从58.9%剧降到38.3%，酸性物质（脂肪酸、单宁酸与氯酸等）从8.0%降为4.9%。在高温裂解作用下，这些物质发生重组，转变为焦糖、二氧化碳与一些可挥发性物质。其中，焦糖占烘焙豆质量的25%，形成咖啡的甘味。而脂肪原占生豆中16.2%，烘焙后则提升为17%，是醇味与稠感的来源。咖啡因含量几乎没有变化。所以，重烘焙的咖啡苦味不是来源于咖啡因较多。

烘焙度，太平洋地区区分法：

Light Roast(浅度烘焙)：还流有青草味，无香气和醇味。

Cinnamon Roast(肉桂烘焙)：咖啡豆成肉桂色

Medium Roast(中度烘焙)：有强烈的酸味。

High Roast(高度色烘焙)：酸味、苦味与甜味开始达到平衡。

City Roast(城市烘焙)：烘焙到第一次爆裂，刚要进入第二次爆裂声。

Full City Roast(全城市烘焙)：烘焙到第二次爆裂声正在进行时，是精选咖啡烘焙师的最爱。

French Roast(法式烘焙)：苦味甚重。

Italian Roast(意式烘焙)：意大利浓缩咖啡的原料。

美国精品咖啡协会（SCAA），以艾龙仪器（以红外线测量咖啡的颜色与焦糖类焦化程度）判定与分析。将黑色设为0，白色设为100，分8个等分，代表8个烘焙等级。

精品咖啡与商业咖啡的烘焙不同：按咖啡豆的属性决定烘焙方法，根据含水率、硬度、年份并经过样本试喝，精品咖啡都采用小量烘焙；烘焙师在精品咖啡烘焙过程中全程看顾，注意温度与时间的变化，倾听爆裂声与观察颜色的改变；精品烘焙后立即交货。

烘焙程序：倒入生豆，设为低风量，除去豆内水分而已；生豆颜色渐黄，风量设为最大，吹走碎屑，防止咖啡油脂粘住碎屑；1分钟后转为中风；第一次爆裂开始，风量转为最大，充分回收热风，尽快达到目标温度。

研磨工具——咖啡豆的变身 ＞

　　为了与水交融,咖啡做出了最大的牺牲——粉身碎骨。咖啡在冲泡之前,一定要将豆子研磨成细粒状,增加水与咖啡的接触面积,才能将美味萃取出来。

　　事实上,磨豆机比咖啡机更重要,玩家们都建议选择"锯齿式磨豆机",因为它能迅速而稳定地磨出均匀的咖啡粉。锯齿式磨豆机的操作方法很简单,一般而言,它会有两个设定功能,一是设定研磨度,一是设定研磨时间。研磨度大多以阿拉伯数字表示,数字越小表示研磨越细。磨豆机的上面有一个漏斗形容箱,盛装尚未研磨的豆子,下面则是一个抽屉,用来收纳研磨好的咖啡粉。

　　选择购买磨豆机时,应该注意它的功率,通常在70瓦~150瓦之间,越高越好,功率较高的磨豆机,研磨速度较快,咖啡粉停留在锯齿间的时间较短,比较能磨出低温的咖啡粉。

● 研磨的香味

　　将烘焙后的咖啡豆粉碎的作业叫研磨。研磨咖啡豆的道具叫磨子。研磨咖啡最理想的时间是在要烹煮之前。因为磨成粉的咖啡容易氧化散失香味，尤其在没有妥善适当的贮存之下，咖啡粉还容易变味，自然无法烹煮出香醇的咖啡。

　　有些人怕麻烦或是不想添购磨豆机，平时在家喝咖啡就买已磨好的现成咖啡粉，这时要特别注意贮存的问题，比如中国台湾气候潮湿，咖啡粉开封后最好不要随意在室温下放置，比较妥当的方式是摆在密封的罐子里放入冰箱冷藏，而且不要和大蒜、鱼虾等味道重的食物同置。因为咖啡粉很容易吸味，一个不小心就成了怪味咖啡，那么再好品质的咖啡也都糟蹋了。倒是有人把烹煮过的咖啡粉渣放在冰箱当除臭剂，不失为一个物尽其用的好方法。

　　咖啡豆，那一颗颗深褐色的小豆子看似普通，却在各个阶段都有不少学问。对于一个咖啡的烹调饮用者而言，咖啡豆的种植、生产、烘焙等专业知识，有个概略的了解就足够了，生产的事情尽可交给咖啡商们负责，这毕竟是个讲究分工的时代。但研磨制作咖啡，就是使用者的责任，一定要有确切的了解。

　　研磨豆子的时候，粉末的粗细要视烹煮的方式而定。烹煮的时间愈短，研磨的粉末就要愈细；烹煮的时间愈长，研磨的粉末就要愈粗。以实际烹煮的方式来说，

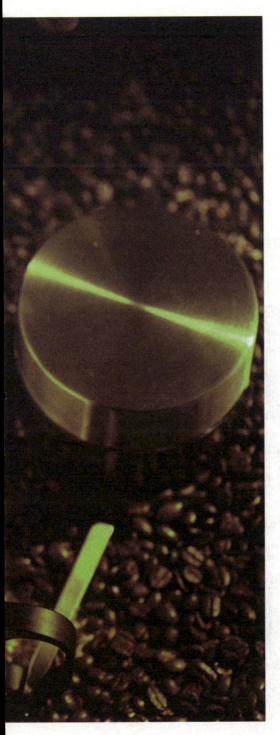

Espresso 机器制作咖啡所需的时间很短，因此磨粉最细，咖啡粉细得像面粉一般；用"塞风"方式烹煮咖啡，大约需要一分多钟，咖啡粉属中等粗细的研磨；美式滤滴咖啡制作时间长，因此咖啡粉的研磨是最粗的，一颗颗像贝壳沙滩上的沙粒般。研磨粗细适当的咖啡粉末，对想做一杯好咖啡是十分重要的，因为咖啡粉中水溶性物质的萃取有它理想的时间，如果粉末很细，又烹煮长久，造成过度萃取，则咖啡可能非常浓苦而失去芳香；反之，若是粉末很粗而且又烹煮太快，导致萃取不足，那么咖啡就会淡而无味，因为来不及把粉末中水溶性的物质溶解出来。

• 精挑细选的研磨机

研磨咖啡的磨豆机有各种不同的厂牌与型式，比较理想的是能够调整磨豆粗细的研磨机。用磨豆机研磨时，不要一次磨太多，够一次使用的粉量就好了，因为磨豆机一次使用愈久，愈容易发热，间接使咖啡豆在研磨的过程中被加热而导致芳香提前释放出来，会影响烹煮后咖啡的香味。

咖啡豆内含有油鲁，因此磨豆机在研磨之后一定要清洗干净，否则油脂积垢，久了会有陈腐味，即使是再高级的豆子也被磨成怪味粉末了。磨豆机在每次使用完毕后，一定要用湿巾擦拭刀片机台，并用温热水清洗塑料顶盖。但是对于美国流行的加味咖啡，添加的香精味道又浓又重，而且会残存很久，在清洗前最好先放两匙

白糖进去搅打去味一下。当然最好是一个研磨机只研磨同一种豆子，那就没混味的问题了。

咖啡豆的研磨方法根据其大小可以分为粗研磨、中研磨与细研磨三种。细研磨颗粒细，像砂糖一样大小；中研磨（颗粒像砂糖与粗白糖混合一样的大小）；粗研磨（颗粒粗，像粗白糖一样大小）。依咖啡器具不同而使用合适之研磨方法。还有中细研磨或比细研磨更细的及细研磨（成粉状咖啡粉）。咖啡豆磨成粉状后其表面积增加而吸收湿气，容易氧化。总之随着时间的推移，咖啡粉会起劣化作用使风味受损。

研磨完的咖啡豆经过放置后，咖啡豆内部滞留的二氧化碳与香气会一起流失。如此抽出过滤时咖啡粉要膨胀不膨胀的，不管如何都无法泡出咖啡。而秘诀是考虑研磨与作业要一贯，如此冲泡起来的咖啡

是最美味香醇。

　一般而言，好的研磨方法应包含以下4个基本原则：应选择适合冲煮方法的研磨度；研磨时所产生的温度要低；研磨后的粉粒要均匀；冲煮之前研磨。

　不管使用什么样的研磨机，在运作时一定会磨擦生热。优良物质大多具有高度挥发性，研磨的热度会增加挥发的速度，香醇散失于空气中。

　咖啡豆在研磨之后，细胞壁会完全崩解，这时与空气接触的面积会增加很多，氧化与变质的速度变快，咖啡在30秒到2分钟之内就会丧失风味。因此，建议不要买咖啡粉，最好买咖啡豆，在喝前才研磨，磨好则应赶快冲泡。

　在磨豆机发明之前，人类使用石制的杵和钵研磨咖啡豆。有位医生曾经试验这种古老的工具，并与现代化的磨豆机做比

较，据说还是捣杆和石钵所磨出的咖啡粉能泡出更香醇风味。

依据逻辑推理，捣杆以撞击方式使咖啡豆自然裂开，应该不会破坏细胞壁，留住咖啡的优良物质。可是，在现代化的生活里，人们几乎已经不可能再使用捣杆和石钵来研磨咖啡豆，因此选择优良的磨豆机就显得格外重要。

咖啡豆的研磨道具是磨子。磨子从家庭用的手动式到业务用的电动式种类多不胜枚举。家用磨子也可当装饰品，而人数多要一次研磨的话，还是电动式来得便利。以磨子的构造来分类有使用纵横沟刃边切咖啡豆边研磨的磨子与以臼齿将咖啡磨溃打碎而研磨的磨子。各有所长，而业务用的情况是趋于大量生产的电动式为主流。然而研磨咖啡豆最应注意的是以下两点：摩擦热抑制到最小的限度，因为发热会使芳香成分飞散；粒的大小均一与否、颗粒不齐，冲泡出的浓度会不均匀。以此作考量，倘若是家庭用的磨子，手动式的话要轻轻地旋转，注意尽可能使其不产生摩擦热。所以使用电动式磨子较为适当。

要磨出让人满意的咖啡粉真的很简单，只要多尝试几次，找出自己最喜欢的风味，其实没有一定的标准。但大致上来说，磨得太细的咖啡粉香气很容易跑掉，比较适合现磨现喝。

Espreeso 使用气压式冲泡，全部过程只需 20~25 秒，在这么短的时间，咖啡精华能否适度萃取，粉粒的粗细便极为重要。粉粒过细，蒸汽穿透的面积相对变大，会造成过度萃取，浓而不香。太粗的颗粒，阻力小，咖啡变成稀淡。所以购买磨豆机要以有微调功能为佳。便宜的磨豆机构造像家用多功能搅拌机，刀片呈风车状，研磨后的豆子形状方正，不利萃取。使用圆锯片式机器，豆子会呈不规则状，触水面广，虽然单价较高，但仍值得。

　　要冲煮一杯好咖啡，除了要有新鲜的咖啡粉和硬度略高的水外，当然还要有一套用起来得心应手的冲煮工具。常用的咖啡机主要有三种冲煮类型。

　　滴滤式：用水浇湿咖啡粉，让咖啡液体以自然落体的速度经过滤布或滤纸，流向容器里。基本来说，这种方式没有浸泡咖啡粉，只是让热水缓慢地经过咖啡粉。滴滤杯与电动咖啡机都属于这一类，是最简单的冲泡工具，能泡出干净且色泽明亮的咖啡。

　　滤泡式：将咖啡粉放入壶内，由热水浸泡若干分钟，再由滤布或滤网过滤掉咖啡渣，形成一杯咖啡液体。虹吸壶、滴压壶、比利时咖啡壶与越南咖啡壶等，都属于滤泡式的冲煮工具，它们都有浸泡过程，从而形成较复杂的口感。

　　高压式：利用加压的热水穿透填压密实的咖啡粉，产生一杯浓稠的咖啡，这种形态的工具有摩卡壶与浓缩咖啡机。

咖啡物语

• 半自动咖啡机

　　半自动咖啡机，俗称搬把子机，是意大利传统的咖啡机。这种机器依照人工操作磨粉、压粉、装粉、冲泡、人工清除残渣。这类机器有小型单龙头家用机，也有双龙头、三龙头大型商用机等，较新型的机器还装有电子水量控制，可以精确自动控制酿制咖啡的水量。

　　这一类机器主要在意大利生产，在意大利非常流行。它的主要特点是：机器结构简单，工作可靠，维护保养容易，按照正确的使用方法可以制作出高品质意大利咖啡。这种机器的缺点同样是优点：操作者要经过严格培训才能用这种机器做出高质量的咖啡，而且优秀的咖啡师能提供顾客定制的咖啡。

　　但如果能亲手操作，调制出一杯美味的咖啡的确是一种精神上的享受。想想，还有什么能比得上自己做的咖啡呢？

• 全自动咖啡机

人们把电子技术应用到咖啡机上，实现了预热、清洗、磨粉、压粉、冲泡、泻粉等酿制咖啡全过程的自动控制，创造全自动咖啡机。

高品质的全自动咖啡机按照最科学的数据和程序来酿制咖啡，而且都设有完善的保护系统，使用起来既方便，只需轻轻一按就可得到的咖啡，其便捷性优于传统咖啡机的产品。

结构比较复杂，需要良好保养，维护费用较高是这种机器的缺点。但是，全自动咖啡机方便、快捷、品质一致、高效率，操作人员不需要培训等突出优点使得它越来越被客户喜爱。

全自动咖啡机依每小时酿制咖啡的杯数（一般从每小时产60杯到280杯）分为大、中、小型，品种繁多，适用于办公室和家庭。

咖啡物语

• 咖啡壶

咖啡壶是欧洲最早的发明之一，约在1685年于法国问世，在路易十五时期在各地广为流传。它不过是一个附有加热金属板的玻璃水瓶，下方有酒精灯加热。由于这种咖啡壶十分费时，美国人本杰明·汤普生便发明了朗福特过滤式咖啡壶，在当时大受欢迎。

1763年，法国人顿马丹发明了把粉碎后的咖啡豆装入法兰绒的口袋里，悬挂在壶边，注入热水后，让这个袋子中的咖啡与热水受热较长时间，产生不同的形态煮法，大大提高了咖啡的香味。

1800年，巴黎大主教得贝洛发明了一种分成两段的壶式咖啡加热器，专为使咖啡香味不外溢而设计的，可说是今天滴滤式咖啡壶的鼻祖。这种壶是将磨碎的咖啡置放于咖啡壶顶上的一个孔状容器内，热水由此注入，水通过容器的这些小孔流到咖啡壶的底部。它的特点是使用冷水来淬炼，以每分钟40滴的速度，一滴一滴慢慢地汲取咖啡的精华。由于速度极慢，应选取研磨得极细的咖啡粉来萃取。这种方法冲泡出来的咖啡，所含咖啡因极低，喝起来格外爽口。

1840年，英国海洋工程师纳贝尔发明了虹吸式咖啡加热器。这种加热器是根据水沸腾时，装咖啡粉的容器里的气压降低，于是就自动地把沸水吸进咖啡中的道理而设计出来的。而这就是比利时皇家咖

啡壶的前身。

电咖啡壶有三种：渗滤式、滴漏式和真空式。渗滤式咖啡壶是电咖啡壶的早期产品，虽然价格低廉，但使用不太方便，可靠性较差；真空式电咖啡壶冲制的咖啡味道浓厚，但其结构复杂，容易发生故障。适者生存，如今市场上就剩下了滴漏式电咖啡壶独霸天下。

虽然从大类上说，电咖啡壶只剩下滴漏式一种，但细分起来还有仅用于冲制咖啡末的普通咖啡壶、可以自己研磨咖啡豆的二合一咖啡机和可以打出奶泡的意大利式蒸汽咖啡壶。如果您是朝九晚五的上班族，时间有限，那么价格便宜的普通式咖啡壶就是不错的选择，而如果您喝咖啡的级别已经到了"发烧"级的境界，那么自己研磨出的咖啡粉冲制的醇香，和顶着一头漂亮的奶泡、撒着美味肉桂粉的意大利炭烧咖啡当然会是您的上佳选择。

当然，还有很多咖啡壶都非常实用，而且可以使口味更加独特。像虹吸壶。适用咖啡：略带酸味，中醇度的咖啡研磨度，比粉状略粗，接近特粒细砂糖。虹吸式咖啡，让客厅变成咖啡馆。虹吸式煮法的咖啡是不少咖啡迷的最爱。有人说因为它能萃取出咖啡中最完美的部分，尤其是如果咖啡豆的特性中带有那种爽口而明亮的酸，而酸中又带有一种醇香，虹吸式煮法更可以把这种咖啡的特色发挥得淋漓尽致。还有摩卡壶。摩卡壶是用来萃取浓缩

咖啡的工具，分为上下两部分，水放在下半部分煮开沸腾产生蒸汽压力；滚水上升，经过装有咖啡粉的过滤壶上半部；当咖啡流至上半部时，将火关小，如果温度太高会使咖啡产生焦味。

家庭用电咖啡壶选购功率在1000瓦以下的足矣，容量在0.5~0.8升，可冲4~8杯咖啡。如果常招待朋友或家庭人口较多，也可选购容量大一些的，但最好也不要超过1.5升。

从质量方面看，电咖啡壶外观应该是一件色彩协调、制作精细的工艺品，各部件的破损、粗糙都是不允许的，壶底不漏水则是起码的要求。

咖啡壶在使用时不能空烧。同大多数厨房家用电器一样，电咖啡壶不能空烧，一定要先装好水和咖啡末后再接通电源，绝不能在空壶状态下通电。在烧煮咖啡时，要随时注意壶内的水位情况，如果水将近干涸时，应及时切断电源，否则也会烧坏壶体。

注意防水。电咖啡壶不能干烧，也不能加水过多，否则水沸腾后会溢水淋湿电热元件。同时加水时不要让水溅到壶体电气部件上，以免降低绝缘性能。在清洗咖啡壶时，不能直接将壶体浸入水中，而要分别取出滤网、滤器清洗，其他部件最好用干净软布擦拭。

定期除垢。电咖啡壶第一次使用前，应先烧煮两壶开水，以去除不良味道。以后则要根据使用情况每年除垢2~5次。

咖啡机使用注意事项

1. 停水请勿使用咖啡机。2. 操作咖啡机前，请注意在锅炉压力指针达绿色区域时(1~1.2bar)才可使用；使用时蒸汽棒、热水出水口之管嘴及蒸煮出水口的温度非常高，请不要将您的手暴露于附近以避免高温所造成的伤害。3. 稳压马达抽水时注意观察压力表上水压值是否在绿色区域(8~10bar)。4. 为防止过热危险请保持电源平顺，通气入口、出口不可阻塞；温杯架上除杯盘外不可盖毛巾或类似的东西。5. 杯子必须完全干了之后才可放置在温杯架上温杯。6. 如果长时间不使用咖啡机，请将电源关闭并将机器锅炉内的压力完全释放。7. 机器设备之任何配件均不可用铁丝、钢刷等类物品刷洗；必须使用湿抹布小心擦洗。8. 将适量的咖啡粉置入滤杯手把内并用压柄小心压实。注意：别让咖啡粉渣留在滤杯的边缘，如此在蒸煮过程中才不会有空气进入而降低压力，也能延长蒸煮头垫圈的寿命。

● 街角的咖啡文化

阿根廷的咖啡名录 >

阿根廷首都布宜诺斯艾利斯，据说是一座咖啡馆比巴黎多的城市。布宜诺斯艾利斯目前共有3250家咖啡厅，这意味着城市中平均每1000人就有一家咖啡店。阿根廷媒体写道，咖啡厅是日常生活与历史传承的负载之物，它既可以供人呼朋唤友，高谈阔论，也可以用于离群独处，反省自身。

布宜诺斯艾利斯最具代表性的多多尼咖啡厅创建于1858年，正是由法国移民首开先河。咖啡厅开业最初是建在埃斯梅拉达街，1880年迁到五月大街825号现址。多多尼咖啡厅朝向五月大街的大门于1894年10月26日启用，这一天也被定为阿根廷的咖啡日。

著名的咖啡馆总是与文学和艺术结缘，多多尼咖啡馆更是其中的典型。在它创建以后的很长一段时间中，一直是阿根廷著名艺术家、作家和文人们的聚会场所，咖啡馆墙上随处可见的名人照片与画像就是这段历史的明证。艺术家们在咖啡馆中讨论艺术，朗诵小说与诗词，演奏音乐新作，使多多尼延续了一个半世纪谈笑有鸿儒的光彩历程。从1893年起，多多尼咖啡厅就是游客在布宜诺斯艾利斯观光的首选之地。

84

也许值得提及的是，一小杯告尔多咖啡在多多尼咖啡厅的售价为15比索，与布宜诺斯艾利斯许多普通咖啡店并无明显差别，多多尼并不因为它的鼎鼎声名而在价格上显出多少贵族气派。

位于莱萨玛的英国咖啡店（café Británico）同样与文学相关。一战期间有不少英国士兵流落到阿根廷，开业于1928年的英国咖啡馆成为了这些英国士兵的聚会地点。马岛战争期间，阿根廷人从这家餐厅的招牌上去掉了单词不列颠前三个字母："Bri"，把它变成了"Tanico"咖啡厅，这一名称一直延续至今。马岛战争之后，阿根廷作家埃内斯托·萨瓦托在这家咖啡厅的桌子上写下了小说《关于英雄与坟墓》一书。

布宜诺斯艾利斯政府十分重视保护和推广这些著名的咖啡店铺。布市议会在1998年通过法律设立了经典咖啡厅名录，名录评选委员会由布宜诺斯艾利斯政府官员和这些经典咖啡厅的经营者，咖啡厅创建者的后代，以及附近的居民

组成。对于布宜诺斯艾利斯那些年代久远、设计独特、具有文化传统的咖啡厅和酒吧，被名录收入意味着它们的价值得到确认。

创建于1912年的圣贝纳多咖啡厅是克雷斯波区的象征。这家咖啡厅在很长一段时间里只允许男人进入。男人们来到这里欣赏探戈舞曲，但是该咖啡厅的老板之一却是一位女性，她也是当时这家咖啡厅中唯一的女人。在20世纪20年代初，这位妇女女扮男装，在咖啡厅里演奏班多内翁。她就是阿根廷第一位班多内翁女演奏家帕基塔·贝纳多。

1930年时的圣贝纳多咖啡厅已经拥有20多张台球桌，是当时布宜诺斯艾利斯最大的台球室之一，也是主要的台球比赛场所。咖啡厅的楼上有一家俱乐部，那里提供各种阿根廷人喜爱的游戏，如桥牌、多米诺骨牌、台球，阿根廷人至今对这些娱乐仍然乐此不疲。这家咖啡厅吸引了很多著名人物，如卡洛斯·加德尔、塞勒多尼奥·佛洛雷斯、赫纳罗·埃斯波斯塔、金盖拉·马丁等等。从20世纪40年代到60年代，圣贝纳多所在的地区都是布

宜诺斯艾利斯最为繁华的部分，有许多作家和政治家与圣贝纳多咖啡厅结缘。

圣贝纳多咖啡厅现在的经营者是一对年老的夫妻，女主人劳拉说，咖啡厅里的客人络绎不绝，这座咖啡店似乎已经成为她生命的一部分。她和77岁的吉普赛丈夫50年来一直居住在咖啡店旁边，他们的住宅也几经翻修了。

格洛里亚阿根廷人俱乐部是布宜诺斯艾利斯第一间带有著名咖啡厅的俱乐部，俱乐部创建者之一的儿子，塞吉奥·图尔对于入选经典咖啡厅感到骄傲。

这家俱乐部在1941年落成，1942年咖啡厅开始营业。当时俱乐部有1700名会员，他们来到俱乐部享受探戈，彻夜狂欢。俱乐部在开张以后的几十年中，一直是阿根廷著名的探戈舞会场所，直到2012年4月的一场暴雨破坏了舞池，才使每天的舞会暂时停止。

格洛里亚阿根廷人俱乐部是阿根廷探戈舞场的一个传奇。奥斯瓦尔多·普格列瑟、阿尼巴尔·特洛伊罗和阿斯托尔·皮亚佐拉等等探戈大师在此长期助阵，对于阿根廷人和阿根廷的探戈，他们都是神一般的存在。以后同样被阿根廷人视为探戈之神的桑德罗等等著名舞者也是这里的常客。

俱乐部保存的历史照片记录了当地居民捐赠的留声机等物品，当地居民内斯托尔·米兰达说，这里是布宜诺斯艾利斯西部最重要的文化场所，它是一个由数百人组成的大家庭。他说，这里几乎每晚都有文化活动，探戈和演唱课程、咖啡文学沙龙，电影、表演等等，这里的菜肴也很丰富。人们来到这里就像是回到家里一样。

另一家入选经典的邮筒咖啡厅位于蓬佩亚区的一个街角，咖啡厅在20世纪30年代开张营业，而在那之前这里是一所学校。1920年至1923年，阿根廷著名的探戈歌词作者奥梅罗·曼兹曾是这所学校的学生，咖啡厅的门口曾经是学校宿舍，那是一个看得见布宜诺斯艾利斯城南风景的房间。奥梅罗·曼兹的作品反映出了这些生活留下的印记，曼兹不朽的探戈巨作《白手》就是在这个街角诞生的。《白手》曾被誉为"布宜诺斯艾利斯的伟大城标"。

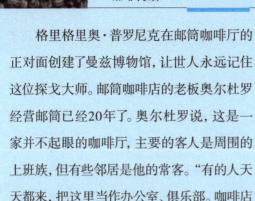

格里格里奥·普罗尼克在邮筒咖啡厅的正对面创建了曼兹博物馆，让世人永远记住这位探戈大师。邮筒咖啡店的老板奥尔杜罗经营邮筒已经20年了。奥尔杜罗说，这是一家并不起眼的咖啡厅，主要的客人是周围的上班族，但有些邻居是他的常客。"有的人天天都来，把这里当作办公室、俱乐部。咖啡店才是社区最重要的事，比药店还要重要。"

在阿根廷有为数众多的咖啡店，像邮筒咖啡店一样位于两条街道相交的街角处，可以贴切地称之为"咖啡角"。咖啡店也不仅仅像圣贝纳多咖啡厅的女主人劳拉所说的那样，是店主生命的一部分，实际上，布宜诺斯艾利斯咖啡店几乎是该市所有居民生命的一部分。

对于许多阿根廷人而言，在工作之余来到路边的咖啡座中小坐片刻，享受阳光普照，咖啡飘香的休闲时光，是不可或缺的人生乐事。阿根廷人的咖啡生活，也会透露出他们慢条斯理，按部就班的生活态度。与邮筒咖啡店老板奥尔杜罗的那些邻居们一样，常有熟悉的咖啡客总在每天相同的时间，来到在同一家咖啡店里。人们甚至会在同一个时间见到同一条狗从桌边跑过，似乎是因为它的主人每天都选择相同的时间遛狗。

更加大众化的连锁咖啡厅也因此在布

宜诺斯艾利斯占据了一席之地。马丁内斯连锁咖啡店和同样连锁经营的哈瓦那咖啡店都是其中耳熟能详的品牌。布宜诺斯艾利斯的3250家咖啡厅中，有75家被列入布宜诺斯艾利斯经典咖啡厅名录。而布宜诺斯艾利斯咖啡酒吧公会认为，面对大型连锁经营的冲击，有些传统咖啡厅显得不堪一击。

一旦被列入名录，这些著名的咖啡厅将成为布宜诺斯艾利斯政府重点推荐的文化旅游景点，咖啡店每年还可以获得一笔用于修缮和维护的款项。在2012年，这笔费用是每家店20万比索。进入名录也并非一劳永逸，经典咖啡厅必须保持其传统的社会形象、建筑样式和装饰风格，否则将会从名录中剔除。位于蓬佩亚区的一家名为"中国人"的咖啡厅就被取消了经典咖啡厅的资格。

布宜诺斯艾利斯文化局长埃尔南·隆巴蒂强调，设立咖啡厅名录的做法在全世界也是独一无二的，这些咖啡厅有形的和无形的资产已经成为布宜诺斯艾利斯传统的一部分，它可以与维也纳、巴黎和纽约相媲美。布宜诺斯艾利斯政府正在争取联合国教科文组织能够将布宜诺斯艾利斯咖啡厅列为人类非物质遗产。无论这一努力前景如何，咖啡的传统都将在布宜诺斯艾利斯居民中长久地流传下去。

阿拉伯人的咖啡礼仪 >

当欧洲人第一次接触到咖啡的时候，他们把这种诱人的饮料称之为"阿拉伯酒"，当保守的天主教徒诅咒咖啡为"魔鬼撒旦的饮料"的时候，他们绝不会想到他们从"异教徒"那里承袭来的是一种何等珍贵的东西。

作为世界上最早饮用咖啡和生产咖啡的地区，阿拉伯的咖啡文化就像它的咖啡历史一样古老而悠久。在阿拉伯地区，现在人们对于咖啡的饮用无论是从咖啡的品质，还是饮用方式、饮用环境和情调上，都还保留着古老而悠久的传统和讲究。

在阿拉伯国家，如果一个人被邀请到别人家里去喝咖啡，这表示了主人最为诚挚的敬意，被邀请的客人要表示出发自内心的感激和回应。客人在来到主人家的时候，要做到谦恭有礼，在品尝咖啡的时候，除了要赞美咖啡的香醇之外，还要切记即使喝得满嘴都是咖啡渣，也不能喝水，因为那是表示客人对主人的咖啡不满意，会极大地伤害主人的自尊和盛情的。

阿拉伯人喝咖啡时很庄重，也很讲究品饮咖啡的礼仪和程式，他们有一套传统的喝咖啡的形式，很像中国人和日本人的茶道。在喝咖啡之前要焚香，还要在品饮咖啡的地方撒放香料，然后是宾主一同欣赏咖啡的品质，从颜色到香味，仔细地研究一番，再把精美贵重的咖啡器皿摆出来赏玩，然后才开始烹煮香浓的咖啡。

欧洲咖啡的情调 〉

在欧洲，咖啡文化可以说是一种很成熟的文化形式了，从咖啡进入这块大陆，到欧洲第一家咖啡馆的出现，咖啡文化以极其迅猛的速度发展着，显示了极为旺盛的生命活力。

在奥地利的维也纳，咖啡与音乐、华尔兹舞并称"维也纳三宝"，可见咖啡文化的意义深远。

在意大利有一句名言："男人要像好咖啡，既强劲又充满热情！"把男人等同于咖啡，这是何等的非比寻常。

意大利人对咖啡情有独钟，咖啡已经成为他们生活中最基本和最重要的因素了。在起床后，意大利人要做的第一件事就是马上煮上一杯咖啡。不论男女，几乎从早到晚咖啡杯不离手。

在法国，如果没有咖啡就像没有葡萄酒一样不可思议，简直可以说是世界的末日到了。据说历史上有一个时期，法国由于咖啡供应紧张而导致许多法国人

整日无精打采，大大影响了这个国家正常的生活。1991年"海湾战争"爆发，法国人担心战争会给日常生活带来影响，纷纷跑到超级市场抢购商品，当电视台的采访记者把摄像机对准抢购商品的民众时，镜头里显示的却是顾客们手中大量的咖啡和方糖，一时传为笑谈。

法国人喝咖啡讲究的不是咖啡本身的品质和味道，而注重饮用咖啡的环境和情调，表现出来的是优雅的情趣、浪漫的格调和诗情画意般的境界，就像卢浮宫中那些精美动人的艺术作品一般。

从咖啡传入法国的那一天开始，法国的文化艺术中就时时可见咖啡的影响和影子。17世纪开始，在法国，尤其是在法国的上流社会中，出现了许多因为品饮咖啡而形成的文化艺术沙龙。在这些沙龙中，文学家、艺术家和哲学家们在咖啡的振奋下，舒展着他们想象的翅膀，创造出无数的文艺精品，为世界留下了一批瑰丽的文化珍宝。

95

咖啡小知识

1. 一杯 Espresso 只有 2 个卡路里，对于希望控制体重的人来说这是一个再好不过的消息。

2. coffee 基本上在世界上所有的语言中发言相似，毫无疑问即便是 kafe 这样的发音也如此。

3. 咖啡是全世界第三大饮料。

4. 当你喝咖啡的时候，大脑有反应地震动一下，所以有时候会建议头疼可以喝咖啡。

5. 做一杯 Espress。从咖啡豆里萃取的咖啡因是 65%，但是用法压壶做出的咖啡萃取的咖啡因是 98%，白领们提神最好的咖啡还是用法压壶做的。

6. 生咖啡豆目前有 200 多种，但是烘培好的咖啡豆品种有 2000 多种，这是爱上咖啡的重要原因。

7. 第一台气压 Epresso 咖啡机由法国人在 1901 年发明，有百年历史了。

8. 在意大利 80% 被消费的咖啡是 Espresso，还有 20% 是加牛奶的。

9. 第一台咖啡饼机在 1973 年有 ILLY 发明。

10. 在意大利 52% 的咖啡由 Trieste 进口入港，整个港口也是最大的咖啡进口地。

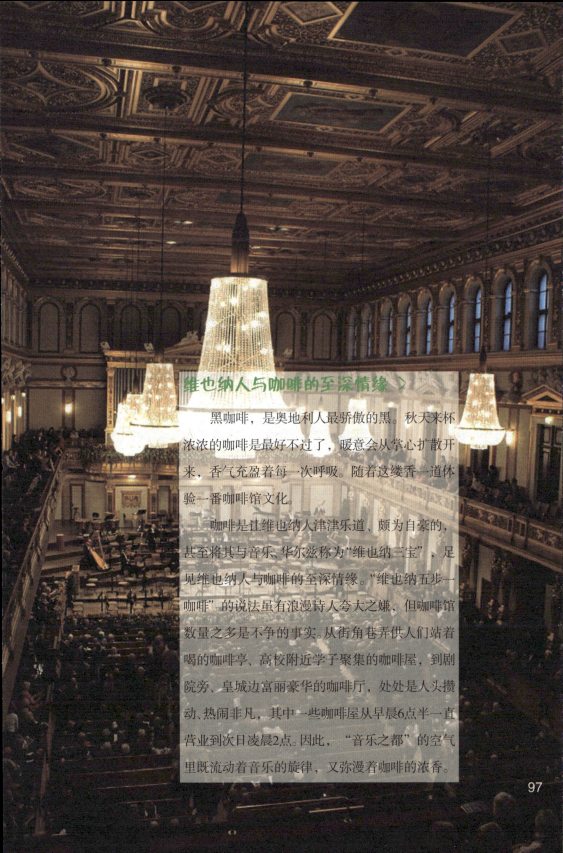

维也纳人与咖啡的至深情缘 >

　　黑咖啡，是奥地利人最骄傲的黑。秋天来杯浓浓的咖啡是最好不过了，暖意会从掌心扩散开来，香气充盈着每一次呼吸。随着这缕香一道体验一番咖啡馆文化。

　　咖啡是让维也纳人津津乐道、颇为自豪的，甚至将其与音乐、华尔兹称为"维也纳三宝"，足见维也纳人与咖啡的至深情缘。"维也纳五步一咖啡"的说法虽有浪漫诗人夸大之嫌，但咖啡馆数量之多是不争的事实。从街角巷弄供人们站着喝的咖啡亭、高校附近学子聚集的咖啡屋，到剧院旁、皇城边富丽豪华的咖啡厅，处处是人头攒动、热闹非凡，其中一些咖啡屋从早晨6点半一直营业到次日凌晨2点。因此，"音乐之都"的空气里既流动着音乐的旋律，又弥漫着咖啡的浓香。

朗特曼咖啡馆是维也纳咖啡馆文化中最优雅的代表。朗特曼咖啡馆的光线很足，装饰很奢华，侍者也彬彬有礼，但仍不能轻易地贴近其内心。这里曾是受上流士绅钟爱超过1个世纪的著名咖啡馆，早已自成另一个世界，自然流露的高贵典雅充盈其中，这里经常聚集了刚从城堡剧院看完戏的绅士淑女、维也纳大学的教授与专家、国会与市政厅的党政要人，还有无数在此举行的政界、商界大小会议人士等等。

奥地利的咖啡馆与众不同之处在于，让品尝咖啡变成了文学、变成了艺术，变成了一种生活方式。谈到咖啡馆文化，要从Peter Altenberg说起，他被称为

"被忽略的文学家"，他与同时期的其他几位文学家带动了咖啡馆的文学风气，他们喜欢在咖啡馆会面，或相互讨论，或独自喝着咖啡进行创作，因此诞生了"不在咖啡馆，就在去咖啡馆的路上"这一脍炙人口的名句。

奥地利街头随处可见宽敞的咖啡餐厅和咖啡西点屋，更有与情景餐厅、书店、酒吧、音像店、歌舞剧院等相结合的咖啡馆。报纸桌是整个咖啡馆不可或缺的独特一隅，在信息匮乏的年代，花几个银币买一杯咖啡，坐在咖啡馆里浏览全世界的消息绝对算得上是一种奢侈。咖啡馆不可避免地成为了艺术家、诗人集会见面的首选之地，著名的中央咖啡馆

曾特意放置了一本列有200份在这里能够阅读到的报纸的册子。

今天的奥地利人仍喜爱并看重咖啡和咖啡馆文化，喜爱在咖啡馆里享受与朋友相聚的喜悦，或在午后一边翻阅报纸一边啜饮咖啡消磨时光。在维也纳的咖啡馆里点咖啡，浓一点、淡一点都有讲究。按不同热牛奶比例加奶泡、鲜奶油或各种利口酒、白兰地等也自有门道。最近有提议将快餐文化引入咖啡馆文化中，可见历史悠久的奥地利咖啡馆散发出的青春活力。

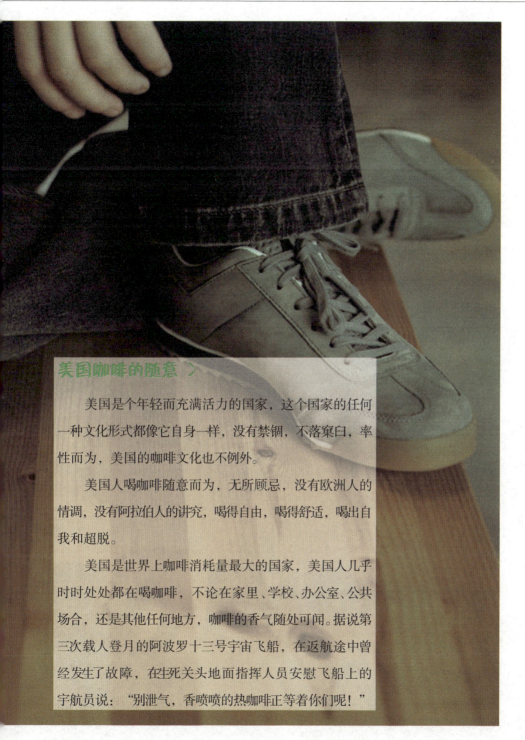

美国咖啡的随意 >

美国是个年轻而充满活力的国家，这个国家的任何一种文化形式都像它自身一样，没有禁锢，不落窠臼，率性而为，美国的咖啡文化也不例外。

美国人喝咖啡随意而为，无所顾忌，没有欧洲人的情调，没有阿拉伯人的讲究，喝得自由，喝得舒适，喝出自我和超脱。

美国是世界上咖啡消耗量最大的国家，美国人几乎时时处处都在喝咖啡，不论在家里、学校、办公室、公共场合，还是其他任何地方，咖啡的香气随处可闻。据说第三次载人登月的阿波罗十三号宇宙飞船，在返航途中曾经发生了故障，在生死关头地面指挥人员安慰飞船上的宇航员说："别泄气，香喷喷的热咖啡正等着你们呢！"

101

办公室咖啡的关怀 〉

西方的一些公司里，大多会为自己的职员和客户们供应免费的咖啡，讲究的公司里都要摆放几套高档的咖啡用具，比如精美的意大利咖啡壶、细腻的英国瓷咖啡杯等等，这体现了一种企业文化的内涵。

向公司职员提供免费咖啡实际上是企业老板的一种人文关怀，显示出一种亲和力。但"世界上没有免费的午餐"，在西方有个说法，福利待遇越好的公司，管理就越发严格，职工的工作量就越大。在紧张的工作压力之下，喝上一杯咖啡，在公司的休息区内舒展一下酸懒的腰身，无疑是一种调剂和享受，这一点深谙调动员工积极性的老板们是早就想到了的。免费咖啡可谓是"花小钱办大事"，最大限度地让员工发挥他们身体和精力上的潜能，为公司、为老板创造更多的效益，同时联络了劳资双方的感情，也促进了员工的团队观念，达到了互相协作的目的。咖啡成了企业文化的标示和办公室中舒爽的亮点。

邻里咖啡店 >

邻里咖啡店或传统咖啡店（马来语：Kopitiam）是一种结合传统早餐和咖啡店的东南亚流行饮食文化，Kopitiam一词是结合马来语中的咖啡（kopi）和福建话中的店（tiàm）而成的混合词。典型的食物包括变化的鸡蛋、烘烤面包和咖喱，搭配咖啡、茶或美禄。

• 新加坡的邻里咖啡店

在新加坡，邻里咖啡店主要分布在政府组屋区以及郊外的工业区或商业区内，规模多半是以几个小档口或店铺为主，又或者是一个怀旧的小店，多数的档口呈现出相似的风格。

典型的邻里咖啡店是由业主负责饮料和传统早餐的经营，店面多余的空间则以出租方式招来美食档口经营，来自不同族

103

群的传统美食使来自不同种族背景的人可以聚集在一起同台用饭。

在此，邻里咖啡店也等同于小贩中心和小店。一些较常在邻里咖啡店见到的食品包括多士、炒粿条、福建面、海南鸡饭以及椰浆饭等。

• 马来西亚的传统咖啡店

在马来西亚，同类型的咖啡店也同样随处可见，但是和邻里咖啡店相比还是有几分差异的：

通常是专指由华人经营的"传统咖啡店"，且不叫作"邻里咖啡店"，而直接称为"咖啡店"；

咖啡店内售卖的食品主要是以华人美食为主，顾客群主要也针对华人；菜单通常不似在新加坡那般提供统一规范的信息；咖啡店和小贩中心有明确的分别。

EST. 1787

Bertie   Bertie   WORLD OF LACE

• 现代式咖啡店

近年来，在城市地区开始出现一些"现代式咖啡店"，主要是随着城市人口开始富裕，同时对怀旧的需求也如雨后春笋般涌现。现代式的传统咖啡店主要是以快餐店的经营方式，加上怀旧的装潢，再配合创新的饮食菜单，通常设立在时尚的购物商场内，以青少年为主要消费群。相比起西方咖啡文化的代表如星巴克(Starbucks)和香啡缤(The Coffee Bean & Tea Leaf)，这类经营方式更提供了本土的风格和更实惠的价格。为了提供真正的传统咖啡店风味，部分现代式咖啡店也供应正宗的咖啡冲泡、炭火烧烤面包和咖喱，并且提供早午晚三餐的服务。为了打入庞大的穆斯林市场，这些咖啡店通常选用清真食品，而不同于传统咖啡店以华人客群为主。

• 咖啡店闲谈

"咖啡店闲谈"是指退休的年长者或在咖啡店的工作人士聚集在咖啡店里闲话家常，谈论内容多半关于时事新闻、国家政治和办公室政治，或者是各种生活相关的景象，如电视剧和饮食等，当中以年长男性为主要群体。

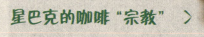

星巴克的咖啡"宗教" ⟩

　　星巴克（Starbucks）是全球著名的咖
啡连锁店，1971年成立，总部位于美国华
盛顿州西雅图市。星巴克旗下零售产品
包括30多款全球顶级的咖啡豆、手工制
作的浓缩咖啡和多款咖啡冷热饮料、新
鲜美味的各式糕点食品以及丰富多样的
咖啡机、咖啡杯等商品。星巴克的产品不
单是咖啡，咖啡只是一种载体。而正是通
过咖啡这种载体，星巴克把一种独特的
格调传送给顾客。咖啡的消费很大程度
上是一种文化层次上的消费，文化的沟
通需要的就是咖啡店所营造的环境文化
能够感染顾客，让顾客享受并形成良好
的互动体验。

● 星巴克之火

星巴克诞生于美国西雅图，靠咖啡豆起家，自 1987 年正式成立以来，从不打广告，却在 20 多年时间里一跃成为巨型连锁咖啡集团，其飞速发展的传奇让全球瞩目。星巴克不仅将丑小鸭变成白天鹅的奇迹演绎得淋漓尽致，它背后还隐藏着感人的故事。

1961 年的冬天，对霍华德·舒尔茨来说，是那么寒冷。当卡车司机的父亲出了事故，从此失去半条腿，这意味着家里失去了经济来源。此时母亲怀孕七个月，如此一来，舒尔茨一家生活更是雪上加霜。每天餐桌上，只有少得可怜的面包和苦涩得难以下咽的咖啡。父亲原本是个老实本分的男人，一生落魄潦倒，没有自己的房子，一家人住在纽约布鲁克林区的一套由联邦政府资助的廉租房里。一场事故夺取了他的信心和勇气，他每日借酒浇愁，变成一个酒鬼。舒尔茨成了他的出气筒，一不听话就会遭到一顿打骂。

舒尔茨 12 岁那年的圣诞节前，家里依旧清贫。父亲大骂几个孩子是吸血鬼，让他们滚。母亲忍泪，让舒尔茨将两个弟妹带到街上去玩。舒尔茨发现一家便利店门口摆放的促销品琳琅满目，一罐包装精美的咖啡牢牢吸引住了他的目光。一瞬间，一个大胆的念头从舒尔茨的脑海中一闪而过。他让弟弟妹妹们先自己回家，随后迅速走了过去，将那罐咖啡拿起来塞进了自己的棉衣里。不幸的是，店主正好走了出来。大叫着抓小偷，朝舒尔茨冲了过来。舒尔茨拼命地朝家里跑去，那一刻这个男

孩的想法很单纯，他不想听到父亲永远在饭桌上抱怨咖啡太难喝，他希望能将这罐咖啡当作圣诞礼物送给父亲。

当舒尔茨将咖啡交到父亲的手上时，父亲疑惑地看了他一眼，然后问他是什么。他结结巴巴地说是在路口捡的，想送给父亲当圣诞礼物。那个整日醉醺醺的男人没有再追问下去，还轻轻摸了下儿子的脑袋说："谢谢你，儿子！"

圣诞前夕，当一家人正喝着舒尔茨"捡"来的咖啡，喜笑颜开地赞叹着这从没品尝过的浓香时，便利店老板找来了，他索要那罐昂贵的咖啡的钱。舒尔茨干的事曝光了，他站在墙角抖个不停，他趁着店老板还在家里嚷嚷，偷偷逃跑了。平安夜，舒尔茨在街上流浪着，又冷又饿的他边走边哭，最后累得倒在地下通道里睡着了。后

来母亲找到了他，带他回家，当然他还是没能躲过父亲的暴揍。

这个刻骨铭心的平安夜留给舒尔茨的不是咖啡的浓香，而是痛苦的滋味，他发誓努力奋斗，有一天买得起最香的咖啡。从此以后，他对父亲的惧怕变成了憎恶，他们之间很少说话。为了让母亲不再那么辛苦，舒尔茨每天一大早骑着自行车去送报，放学后再去小快餐店打工。那些微薄的收入里，有一部分会被父亲搜去买酒喝。

此后的日子里，舒尔茨在寒冬为皮衣生产商拉拽过动物皮，在炎夏为运动鞋店的蒸汽房处理过纱线。他打过的零工一直在变，唯独与父亲的矛盾没有停息。这样磕磕绊绊地，舒尔茨以优异的成绩考上了大学。

但是家里穷得揭不开锅了，父亲甚至

不可理喻地对舒尔茨的未来判定了死刑。他说："你已经高中毕业了，就应该去挣钱养家，还上什么狗屁大学，不要白白浪费时间。"舒尔茨万分难过和愤怒，他冲父亲吼："你无权决定我的人生，我决不甘心像你一样做个卡车司机，连梦想都没有，过着朝不保夕、毫无希望的日子，我真为你是我的父亲而感到悲哀和耻辱！"

就在舒尔茨为大学筹备入学金而四处想办法时，北密歇根大学的野猫球队看中了他的橄榄球技，他因此获得了北密歇根大学的奖学金。舒尔茨在一个清晨整理了

行李，独自坐上了前往北密歇根大学的列车。为了节省路费，上学期间他几乎没有回过家，而是利用每个假期外出打工。每个月他都会给母亲写信和打电话，却从来没有问过父亲一个字。

大学期间舒尔茨意识到橄榄球并不是自己未来的方向，于是将全部的精力放在了学习上。在获得商学学士学位后，他进入了著名的施乐驻纽约分公司，成为了一名出色的销售员。他在6个月的时间里每天打50多个推销电话，在曼哈顿城从第42街跑到第48街，从东河跑到第50大

道，登上每幢写字楼，敲开每间办公室的门。他努力去竞争和比拼，只是为了向父亲证明自己选择的人生没错，他绝不会虚度年华。但这些话，他从来没有对父亲说过，因为他觉得和父亲无法交流。

3年后，舒尔茨挣到了可观的佣金。他不仅给母亲寄了钱，还破例地为父亲挑选了一份别有意味的礼物，那是一箱产自巴西的上等黑咖啡豆。年少时那场因咖啡引起的事件，对他来说是一生无法忘却的耻辱。他打了电话回家，第一次和父亲聊了几句。父亲只是淡淡地回应了几声，甚至语带讥诮地说："你拼了命去读大学就是为了能买得起咖啡？"舒尔茨毫不客气地说："是的，我用努力证明了自己买得起咖啡，也买得起想要的人生。而你，最好

用这些巴西咖啡豆为自己冲泡一杯真正的黑咖啡，品尝一下苦涩的滋味是怎样的。"就这样，两人的交谈再次不欢而散。

为了不被父亲看扁，舒尔茨决定作出更大成就来刺激他。此后他跳槽进入瑞典厨房塑料用品公司驻美国分公司。仅仅干了10个月，瑞典公司就委任他为美国分公司的总经理，年薪7.5万美元。到28岁时，他所取得的业绩已经远远超出了自己原来的人生计划。在此期间，他与聪明漂亮的雪莉坠入爱河。

直到谈婚论嫁，舒尔茨也不曾在雪莉面前提起过自己的父亲。雪莉每次听他说起家人，都只是提起母亲和弟弟妹妹，似乎父亲并不存在。有一次，她好奇地问舒尔茨："你的父亲呢，他是做什么的？"舒

尔茨愣住了，父亲就像罩在他心底的一片阴影，他嗫嚅着对雪莉说："我的父亲很早就去世了。"他不愿在心爱的女友面前承认，自己有个酒鬼父亲。

1988年初的一天，舒尔茨接到母亲打来的电话，她说他父亲很想念他，希望他能回去看看。舒尔茨从来没有想过父亲有一天还会说出想念自己的话，加上正好有一个大客户需要他去谈判，他拒绝了母亲的请求。

一周之后，在外地奔波归来的舒尔茨匆匆回到布鲁克林区的老房子，却没有见到自己的父亲，他在一周之前去世了。就在母亲给他打电话的第二天，父亲因脑溢血去世了，或许是死前一种莫名的预感和牵挂，父亲去世前一天突然对母亲说很想见儿子舒尔茨，然而这最后的心愿没有实现。

舒尔茨的心被巨大的悲哀占据了，他希望他们还能像小时候那样打上一架，他更痛恨自己曾诅咒过父亲，如果时光能重来，他多么希望能和父亲在一起。可如今，连父亲的打骂也变成了永不再来的珍贵回忆。

此后几天，舒尔茨帮母亲整理父亲的遗物，看到了父亲留下的一个木箱，里面竟藏着一个锈迹斑斑的咖啡桶。舒尔茨还是一眼认了出来，那正是他12岁时为父亲偷来的圣诞礼物。往事涌上心头，他唏嘘不已。这时他突然发现在盖子上刻着

一行字，那是父亲的手迹：儿子送的礼物，1984年圣诞节。舒尔茨的鼻子酸了酸，他没有想到父亲如此珍视这件东西。他发现咖啡桶里还装着什么，打开一看，居然是一封已经揉得皱巴巴的信纸，看日期应该是他坚持上大学那年父亲写下的。父亲在信中写道："亲爱的儿子，作为一个父亲我确实失败，既没有给你一个好的生活环境，也没有办法供你去上大学，我的确如你所说是个粗人。但是孩子，我也有自己的梦想，我最大的愿望是能够拥有一家咖啡屋，能够穿上干净的衣服，悠闲地为你们研磨和冲泡一杯浓香的咖啡，然而这个愿望我无法实现了，我希望儿子你能拥有这样的幸福。可是我不知道怎么让你明白我的心事，似乎只有打骂才能让你注意到我这个父亲⋯⋯

父亲去了，舒尔茨感到生命的一部分也被抽空了。这时，雪莉鼓励他说："既然你父亲的心愿是拥有一家咖啡店，那我们就替他完成未竟的心愿吧。"舒尔茨心中一动，是啊，如品咖啡一样去生活，不正是他们父子苦苦追求的吗？

凑巧的是，这时他看到一则广告，西雅图有一个小咖啡零售商准备转让店面。于是，舒尔茨毅然辞去年薪7.5万美元的职位，接下了那家小公司，将它变成了一间墨绿色的咖啡馆，并向西雅图的餐馆和其他咖啡店销售咖啡豆，日后驰名全球的星巴克就这么诞生了。

115

• 星巴克注册商标

星巴克的商标有 2 种版本，第一版本的棕色的商标由来是由一幅 16 世纪斯堪地那维亚的双尾美人鱼木雕图案，她有赤裸乳房和一条充分地可看见的双重鱼尾巴。

后来星巴克被霍华·萧兹先生所创立的每日咖啡合并，所以换了新的商标。第二版的商标，沿用了原本的美人鱼图案，但做了些许修改，她没有赤裸乳房，并把商标颜色改成代表每日咖啡的绿色，就这样融合了原始星巴克与每日咖啡的特色的商标就诞生了。

位于美国西雅图派克市场的"第一家"星巴克店铺仍保有原始商标，其内贩售的商品也多带有这个商标。这所谓的第一家事实上已经迁离原址，虽然仍在派克市场街上。

• 星巴克品牌文化

　　品牌不仅是产品的标识，而且有自己的内容，是其基本内容的标识,品牌是代表特定文化意义的符号。星巴克的"品牌人格谱"就是将星巴克文化从多个角度进行特定注释的"符号元素"集合。

　　"星巴克"这个名字来自美国作家麦尔维尔的小说《白鲸》中一位处事极其冷静，极具性格魅力的大副。他的嗜好就是喝咖啡。麦尔维尔在美国和世界文学史上有很高的地位，但麦尔维尔的读者群并不算多，主要是受过良好教育、有较高文化品位的人士，没有一定文化教养的人是不可能去读《白鲸》这部书，更不要说去了解星巴克这个人物了。从星巴克这一品牌名称上，就可以清晰地明确其目标市场的定位:不是普通的大众，而是一群注重享受、休闲、崇尚知识、尊重人本位的富有小资情调的城市白领。

　　星巴克的绿色徽标是一个貌似美人鱼的双尾海神形象，这个徽标是 1971 年由西雅图年轻设计师泰瑞·赫克勒从中世纪木刻的海神像中得到灵感而设计的。标识上的美人鱼像也传达了原始与现代的双重含义∶她的脸很朴实，却用了现代抽象形式的包装，中间是黑白的，只在外面用一圈彩色包围。20 多年前星巴克创建这个徽标时，只有一家咖啡店。如今，优美的"绿色美人鱼"，竟然

117

与麦当劳的"m"一道成了美国文化的象征。

顾客体验是星巴克品牌资产核心诉求。就像麦当劳一直倡导销售欢乐一样，星巴克把典型美式文化逐步分解成可以体验的元素：视觉的温馨，听觉的随心所欲，嗅觉的咖啡香味等。Jesper Kunde 在《公司宗教》中指出："星巴克的成功在于，在消费者需求的中心由产品转向服务，在由服务转向体验的时代，星巴克成功地创立了一种以创造'星巴克体验'为特点的'咖啡宗教'。"

星巴克人认为：咖啡的消费很大程度上是一种感性的文化层次上的消费，文化的沟通需要的就是咖啡店所营造的环境文化能够感染顾客，并形成良好的互动体验。

星巴克的品牌传播并不是简单的模仿传统意义上的铺天盖地的广告和巨额促销，而是独辟蹊径，采用了一种卓尔不群的传播策略——口碑营销，以消费者口头传播的方式来推动星巴克目标顾客群的成长。舒尔茨对此的解释是：星巴克的成功证明了一个耗资数百万元的广告不是创立一个全国性品牌的先决条件，充足的财力并非创造名牌产品的唯一条件。你可以循序渐进，一次一个顾客，一次一家商店或一次

一个市场来做。实际上，这或许是赢得顾客信任的最好方法，也是星巴克的独到之处！

星巴克通过一系列事件来塑造良好口碑。例如在顾客发现东西丢失之前就把原物归还；门店的经理赢了彩票把奖金分给员工，照常上班；南加州的一位店长聘请了一位有听力障碍的人教会他如何点单，并以此赢得了有听力障碍的人群，让他们感受到友好的气氛等。

星巴克提升品牌的另一个战略是采用品牌联盟迅速扩大品牌优势，在发展的过程中寻找能够提升自己品牌资产的战略伙伴，拓展销售渠道，与强势伙伴结盟，扩充营销网络。Barnes&Noble 书

店是同星巴克合作最为成功的公司之一。Barnes&Noble 曾经发起一项活动，即把书店发展成为人们社会生活的中心，这与星巴克"第三生活空间"的概念不谋而合，1993 年 barnes&noble 开始与星巴克合作，让星巴克在书店里开设自己的零售业务，星巴克可吸引人流小憩而不是急于购书，而书店的人流则增加了咖啡店的销售额。1996 年，星巴克和百事可乐公司结盟为"北美咖啡伙伴"，致力于开发咖啡新饮品，行销各地。星巴克借用了百事可乐 100 多万个零售网点，而百事可乐则利用了星巴克在咖啡界的商誉，提高了产品

形象。2007 年，星巴克和苹果公司达成了一项合作协议，在星巴克的连锁分店中安装相关终端设备，iPod 音乐播放器用户和 iPhone 手机用户都能够在星巴克的连锁店中使用全新的 iTunes 在线音乐下载服务，将咖啡与音乐融为一体新服务形式开创了营销先河。

星巴克连锁式的扩张，得益于星巴克给自己的品牌注入了价值观，并把企业文化变成消费者能够感受到的内容和形式。星巴克品牌扩张一直坚持直营路线：由星巴克总部进行直接管理，统一领导，目的是控制品质标准。这样每家店都由总部统

筹管理和训练员工，保证每家海外商店都是百分之百的美国星巴克血统。虽然初期投入的资本较大，但是职员的专业素质高，便于咖啡教育的推广，并建立了同业中的最专业的形象，星巴克品牌的扩张也更加坚定有力。

2001 年年底，美国凯洛格管理学院的调查表明：成功的公司都用一种前后一致的、明确的多层面方式来定义和运用感情关系。星巴克崛起之谜在于添加在咖啡豆中的一种特殊的配料：人情味儿。星巴克自始至终都贯彻着这一核心价值。这种核心价值观起源并围绕于人与人之间的"关系"的构建，以此来积累品牌资产。霍华德·舒尔茨相信，最强大、最持久的品牌是在顾客和合伙人心中建立的。品牌说到

底是一种公司内外（合伙人之间，合伙人与顾客之间）形成的一种精神联盟和一损俱损、一荣俱荣的利益共同体。

星巴克负责饮品的副总裁米歇尔·加斯说："我们的文化以情感关系为导向，以信任为基础，我们所说的伙伴关系涵盖了这个词所有的层面。这种情感关系非常有价值，应该被视为一个公司的核心资产即公司的客户、供货商、联盟伙伴和员工网络的价值。"从咖啡馆到咖啡王国，星巴克证明了与客户的良好关系和看得见的资产一样重要。

星巴克一个主要的竞争战略就是在咖啡店中同客户进行交流，特别重要的是咖啡生同客户之间的沟通。每一个咖啡生都要接受 24 小时培训——客户服务、基本

销售技巧、咖啡基本知识、咖啡的制作技巧。咖啡生需能够预感客户的需求，在耐心解释咖啡的不同口感、香味的时候，大胆地进行眼神接触。星巴克也通过征求客户的意见，加强客户关系。每个星期总部的项目领导人都当众宣读客户意见反馈卡。

星巴克要打造的不仅是一家为顾客创造新体验的公司，更是一家高度重视员工情感与员工价值的公司。霍华德·舒尔茨将公司的成功在很大程度上归功于企业与员工之间的"伙伴关系"。他说："如果说有一种令我在星巴克感到最自豪的成就，那就是我们在公司工作的员工中间建立起的这种信任和自信的关系。"

在星巴克，员工叫"合伙人"。1991年，星巴克开始实施"咖啡豆股票"，这是面向全体员工的股票期权方案。其思路是：使每个员工都持股，都成为公司的合伙人，这样就把每个员工与公司的总体业绩联系起来，无论是 CEO，还是任何一位合伙人，都采取同样的工作态度。20 世纪 90 年代中期，星巴克的员工跳槽率仅为 6%，远远低于快餐行业钟点工的 14% 到 30% 的跳槽率。

星巴克的关系模式也往供应链上游延伸到供货商们，包括咖啡种植园的农场、面包厂、纸杯加工厂等。星巴克对供应商的挑选、评估等程序相当严格，星巴克花费大量人力、物力、财力来开发供应商，能够力保与供应商保持长期稳定关系，这样一可节约转换成本，二可避免供应商调整给业务带来的冲击。副总裁 John Yamin 说："失去一个供应商就像失去我们的员工——我们花了许多时间和资金培训他们。"

• Starbucks的含义

Latte 就是 Starbucks 中的拿铁，其实是意大利文，意思是奶油。

大家都知道 Starbucks 的名字来自于《白鲸》中爱喝咖啡的大副。而具体是谁想到的这个名字就少有人知道。这还追溯到 70 年代初期，那个卖咖啡豆子以及香料的 Starbucks。Starbucks 的名字实在是让星巴克的元老（三位）很是费心，Gordon Bowker 与他的创意伙伴艺术家 Terry Heckler 商量店名，他其实想要用 "Pequod" 这个名字，这个词来源于《白鲸》中的那艘船。Terry Heckle 不同意这个意见，他想要的是一个与众不同而又可以同美国西北部有关系的店名，他选中了雷尼尔山附近矿工聚集地的名字 "Starbo"，又经过商量，Gerald Baldwin 重新把名字同他喜爱的《白鲸》拉上关系，Starbuck 就是 Pequod 号上的爱喝咖啡的大副。Howard Schultz 在自己的书中说这个名字让人想起了海上的冒险故事，也让人回忆起早年咖啡商人遨游四海寻找好咖啡豆的传统，多少有些饮水思源的寓意。

而星巴克的标志就更有神秘色彩了，据说名字定下后，Terry Heckle 开始研究其古老的海事书籍，后来找到了一幅 16 世纪斯堪的纳维亚的双尾美人鱼木雕（版画）图案，于是设计出了星巴克的标志，也就是美人鱼在中间周围围绕着 STARBUCKS COFFEE TEA SPICES 的字样。据调查，这个标志首次使用是在 1971 年的 3 月 29 日。当时的星巴克公司名称为：Starbuck's Coffee Company(Washington corporation)，注册地址为 2200 W.Emerson Place Seattle,Wash.98199。后来在 1986 年 11 月 18 日注册了仅有 STARBUCKS 字样的这个标志，美人鱼的样子基本上没有变化。

• 星巴克的全球攻略

星巴克的最终目标，是要在全球开设25000家连锁店，就像麦当劳快餐店（拥有30000家分店）那样，无处不在。

星巴克向各地拓展的做法是先攻下该地区的大城市，塑造良好的口碑后，再以此为中心，向周围较小的市镇进军。在拓展过程中，星巴克会先参考各地的人口结构资料，仔细进行分析，确定有合适的客户群之后，才会进入该地区。

星巴克的价格定位是"多数人承担得起的奢侈品"，消费者定位是"白领阶层"。这些顾客大部分是高级知识分子，爱好精品、美食和艺术，而且是收入较高、忠诚度极高的消费阶层。

在餐饮服务业中，本身构筑差异化的成本很高，所以想通过产品和价格吸引顾客是很难的，而顾客往往在认同了一种服务之后，在很长时间内都不会变化，会长期稳定地使用这种服务，这一点在白领阶层中表现得尤为明显，他们总有一种追求稳定的心理倾向。因此，星巴克以"攻心战略"来感动顾客，培养顾客的忠诚度。

在开发者大会上，Pay Pal宣布推出手机快速支付功能，该平台允许用户在商店中使用手机支付方式购买零售商品。星巴克将会是全球第一家采用Pay Pal这一平台的商家。Pay Pal在2010年已完成近800亿美元的在线支付交易。星巴克与Pay Pal的此次合作，将给零售业带来非凡的长远影响。

霍华德·舒尔茨星巴克品质的基石是1971年星巴克刚诞生时就致力经营的顶级重烘焙咖啡豆。转型后的星巴克设有专门的采购系统。他们常年旅行在印尼、东非和拉丁美洲一带，与当地的咖啡种植者和出口商交流、沟通，购买世界上最好的咖啡豆，以保证让所有热爱星巴克的人都能品到最纯正的咖啡。星巴克咖啡品种繁多，在制作上有着几乎苛刻的要求。例

如，每杯浓缩咖啡要煮 23 秒，拿铁（星巴克的主力产品）的牛奶至少要加热到华氏 150 度，但是绝不能超过华氏 170 度等。

为了保证品质，星巴克坚守四大原则：拒绝加盟，星巴克不相信加盟业主会做好品质管理；拒绝贩售人工调味咖啡豆。星巴克不屑以化学香精来污染顶级咖啡豆；拒绝进军超市，星巴克不忍将新鲜咖啡豆倒进超市塑胶容器内任其变质走味；选购最高级咖啡豆。做最完美烘焙的目标永远不变。但是也因为这些坚持，有时候却让星巴克处于竞争劣势。

后来出于竞争的考虑，星巴克对有些内部规则做了妥协。例如 1997 年进入超市；特殊区域（如机场）和一些国外市场（如新加坡）采取授权加盟方式（但比例不到 10%）；提供低脂奶调制的咖啡饮料（星巴克为保证浓缩咖啡的正宗味道都是全脂奶调制）等，都是随环境和市场变化而与时俱进。重要的是，当初的坚持已为建立品牌提供了最大助力。

 咖啡物语

咖啡渣的用途

咖啡渣是在萃取咖啡时剩下的糟粕，是这样吗？其实不然，每 100 克咖啡豆中富含蛋白质 12.6 克、纤维素 9 克、灰分 4.2 克、钙 120 毫克、磷 170 毫克、铁 42 毫克、钠 3 毫克、维生素 B_2 0.12 克、烟酸 3.5 毫克、咖啡因 1.3 克、单宁 8 克。可谓是营养丰富全面，萃取过后的咖啡渣自然还会存留一定的营养价值，那么咖啡渣有什么用？

咖啡渣的用途主要有以下 5 点：1. 咖啡渣植物养料。因为咖啡渣中含有植物生长所需要的养分，把咖啡渣作为肥料围在植物根部这样既可以滋润植物，也可以防止病虫害的发生。2. 咖啡渣可除臭除味。咖啡渣具有吸附异味的能力，可以将咖啡渣装在小盘中，放在厕所、鞋柜、冰箱里，不但能够除去异味，还能够芳香环境，吸收大量的潮湿水分。3. 咖啡渣是清洁好手。将咖啡渣晒干后，装到丝袜里，用来打磨木地板，可以达到打蜡的效果；还可以用旧丝袜包起咖啡渣，外面缝上一层花布，就可以充当针插，能防止缝衣针生锈。4. 咖啡渣美容，咖啡含有丰富的营养元素，用来给肌肤按摩可以使肌肤光滑，还有紧肤、美容的效果。5. 咖啡渣可提神醒脑。用咖啡渣做枕头填充物，能够帮助失眠者尽快入眠，改善失眠，提高睡眠质量。

126

图书在版编目（CIP）数据

咖啡物语/刘晓玲编著. —长春：北方妇女儿童
出版社，2015.7（2021.3重印）
（科学奥妙无穷）
ISBN 978-7-5385-9340-2

Ⅰ.①咖… Ⅱ.①刘… Ⅲ.①咖啡—文化—青少年读
物 Ⅳ.①TS971-49

中国版本图书馆CIP数据核字（2015）第146856号

咖啡物语
KAFEIWUYU

出 版 人	刘 刚
责任编辑	王天明 鲁 娜
开 本	700mm×1000mm 1/16
印 张	8
字 数	160 千字
版 次	2015 年 9 月第 1 版
印 次	2021 年 3 月第 3 次印刷
印 刷	汇昌印刷（天津）有限公司
出 版	北方妇女儿童出版社
发 行	北方妇女儿童出版社
地 址	长春市人民大街 5788 号
电 话	总编办：0431－81629600

定 价：29.80 元